AI+：大模型技术与产业智能化实践

AI+: LARGE MODEL TECHNOLOGY AND INDUSTRIAL INTELLIGENT PRACTICE

徐培军　潘可祎　徐洪昌◎著

化学工业出版社
·北京·

内容简介　《AI+：大模型技术与产业智能化实践》是一本系统解析人工智能技术演进、产业应用与社会影响的综合性图书，以“基础理论-核心技术-大模型突破-场景落地”为逻辑主线，构建AI全产业链知识图谱。首先，从智能革命本质出发，解析数据、算法、算力三大基石及深度学习、知识图谱等关键技术；其次，聚焦AI大模型的技术特性、架构设计与未来趋势，揭示其作为智能时代新引擎的变革力量；再次，通过工业、医疗、能源、零售等产业领域，以及政务、社区、物流等社会场景的深度案例，展现AI在“人、货、场”重构中的创新实践，并延伸至企业数据智能决策、智能HR、财务转型等管理维度。本书特色在于兼顾技术深度与产业广度，既涵盖计算机视觉、自然语言处理等前沿技术解析，又提供“AI+产业”的实战路径，兼具学术价值与行业指导性。

本书适合企业决策者、技术开发者、产业研究者及对AI发展感兴趣的读者阅读参考。

图书在版编目（CIP）数据

AI+：大模型技术与产业智能化实践 / 徐培军，潘可祎，徐洪昌著. -- 北京：化学工业出版社，2025. 7.
ISBN 978-7-122-48801-5

Ⅰ. TP18

中国国家版本馆CIP数据核字第2025VU0400号

责任编辑：雷桐辉　　文字编辑：王　硕
责任校对：杜杏然　　装帧设计：王晓宇

出版发行：化学工业出版社
（北京市东城区青年湖南街13号　邮政编码100011）
印　　装：河北延风印务有限公司
710mm×1000mm　1/16　印张12½　字数219千字
2025年10月北京第1版第1次印刷

购书咨询：010-64518888　　售后服务：010-64518899
网　　址：http://www.cip.com.cn
凡购买本书，如有缺损质量问题，本社销售中心负责调换。

定　　价：69.80元

前言

当今世界正经历一场由人工智能（AI）引发的深刻变革。从AlphaGo战胜人类围棋冠军，到ChatGPT掀起生成式AI的浪潮；从中国自主研发的DeepSeek大模型在金融、教育等领域实现复杂推理与决策支持，到自动驾驶汽车逐步落地、医疗影像诊断精准化突破——人工智能技术正以前所未有的速度重塑社会生产与生活方式。这场技术革命不仅关乎效率的提升，更触及人类认知边界的拓展。它既是科技进步的里程碑，也是文明演进的新起点，标志着人类正从“工具使用者”向“智能共创者”跨越。

人工智能的崛起，源于人类对“智能”本质的不懈探索。自1956年达特茅斯会议首次提出“人工智能”概念以来，这一领域经历了符号主义的兴衰、专家系统的崛起、深度学习的突破，直至大模型时代的爆发。每一次技术范式的更迭，都伴随着对人类思维模式和技术应用边界的重新定义。

21世纪的第三个十年，人工智能正从技术概念演变为全球竞争的战略高地。伴随数字技术与实体经济的深度融合，AI成为推动生产力跃迁的关键变量。据麦肯锡研究报告，到2030年，AI有望为全球经济贡献13万亿美元增量，其影响力堪比蒸汽机与电力革命。中国作为AI应用大国，根据中国互联网协会发布的《中国互联网发展报告（2024）》，2023年我国人工智能核心产业总值达到5784亿元；而DeepSeek等国产大模型的崛起，更彰显了本土技术从“跟随”到“并跑”的突破。

随着深度学习算法的成熟、算力成本的指数级下降以及互联网数据的爆发式增长，AI技术实现了从“专用智能”向“通用智能”的跨越。据《2023全球人工智能创新指数报告》，全球AI专利申请量年均增速超过20%，中国、美国、日本占据创新前三名。这种技术突破不仅提升了单一领域的效率，更构建了全新的生产力体系。

AI与云计算、大数据、物联网等技术的深度融合，催生了智能制造、智慧医疗、智能交通等新兴业态，推动社会生产力向更高层次跃迁。在制造业领域，AI预测性维护系统能够有效降低设备停机损失，智能排产系统也可以大幅提升生产响应速度，例如，海尔卡奥斯平台通过 AI 算法优化供应链，使得订单交付周期大大缩短；在医疗领域，AI 开启了医疗健康的精准化革命，例如，腾讯觅影 AI 辅助诊断系统已经覆盖数千家医院，DeepMind 的 AI 系统在眼科疾病诊断中的准确率也已经超过人类专家的平均水平；在智慧城市建设方面，AI 与数字技术的协同应用实现了智慧城市的治理创新，例如，上海 12345 市民热线分析系统通过情感分析与实体抽取，有效提升了工单处理效率；在能源与物流领域，人工智能技术的应用也推动了能源与物流的效率革命，例如，国家电网的 AI 负荷预测系统极大降低了电网峰谷差，京东物流的无人仓通过 AGV（自动导引车）机器人使得订单处理效率提升了数倍。

然而，如同其他先进技术的“双刃剑”效应一样，AI 相关技术的飞速发展也带来了诸多挑战。数据隐私泄露、算法偏见加剧社会不公、深度伪造冲击信任体系等问题日益凸显；算力需求激增与能源消耗的矛盾日益尖锐；通用人工智能（AGI）的实现路径呈现出明显的“黑盒”性质；技术与产业融合的“最后一公里”尚未完全打通。在此背景下，厘清人工智能的技术脉络、应用场景与赋能逻辑，既是时代的迫切需求，也是本书的核心使命。

《AI+：大模型技术与产业智能化实践》一书系统梳理了 AI 技术的演进脉络，从深度学习到多模态大模型，从技术架构到产业应用，力求构建完整的知识图谱。书中通过大量行业案例揭示了 AI 如何重构工业、医疗、能源等领域的价值创造方式，并深入探讨了技术伦理与社会治理的挑战。

与其他同类图书相比，本书的独特价值在于：

其一，将技术与产业深度融合：既解析 Transformer、强化学习等底层技术，又结合海尔、腾讯等企业实践，展现技术落地路径；

其二，兼具全球视野与中国实践：既对比分析美国、欧洲等国家和地区的 AI 战略，又系统总结我国在计算机视觉、语音识别等领域的优势；

其三，将前瞻性与现实性相结合：既展望具身智能、脑机接口等前沿方向，又直面数据隐私、算法偏见等现实问题。

未来已来，唯变不变。立足于技术逻辑与产业实践的双重视角，本书试图回答技术如何突破瓶颈、产业如何跨越鸿沟、社会如何驾驭变革等一系列智能时代的终极之问。毕竟在这场深刻的变革中，我们既需要拥抱技术创新的红利，也需警惕潜在风险。唯有在技术理性与人文关怀之间寻找平衡，人工智能才能真正成为推动人类社会进步的力量，带来人机共生的美好未来。

著者

目录

第 1 篇 智能革命 001

第 2 篇 关键技术 027

第 5 篇 AI+ 社会 ——125

第 6 篇 AI+ 企业 ——151

1

第1篇

智能革命

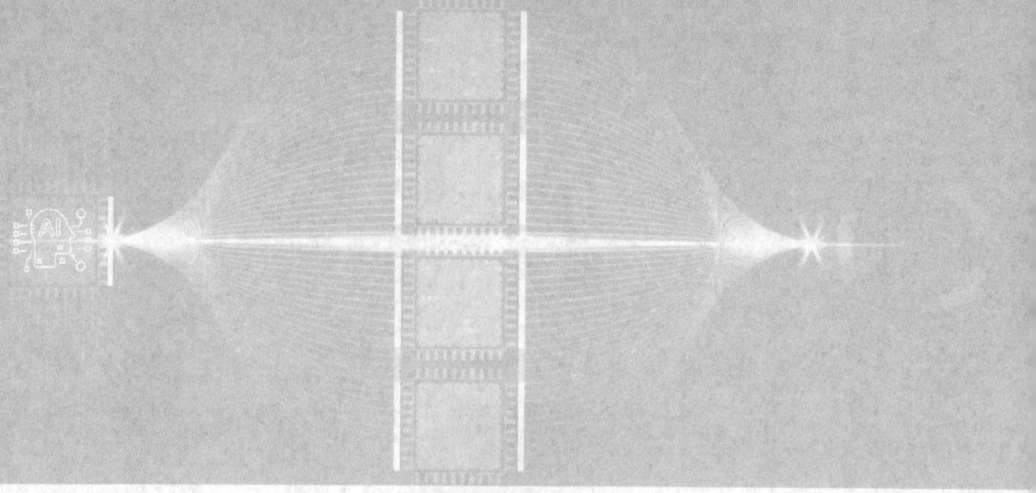

第 1 章 AI：引领未来的科技革命

1.1 AI 的概念、特征与类型划分

人工智能（AI）致力于让机器模拟人的智能，使其具备人类的思维能力，并在此基础上做进一步延伸，持续扩展智能化功能。最初的人工智能为计算机科学的分支学科，而现如今它已经具备典型的交叉学科特征，除计算机科学外，还涉及哲学、数学、语言学、心理学、神经生理学等自然科学和社会科学学科。

自诞生以来，人工智能的功能维度经历了“计算→感知→认知→创造”的演进：

- 计算智能：处理数据的能力，利用数据进行计算、统计分析等。
- 感知智能：根据与目标相关的信号感知和理解环境，包括模式识别、分类。
- 认知智能：对信息的认知和理解，并在此基础上做出推理和决策，以促进各主体间形成有效协同，提高工作效率和解决问题的能力。
- 智能创造：从事自主创造性工作，如在文学艺术领域创作原创作品，在工业领域实现智能制造等。智能创造是目前人工智能的最高功能维度，能够为人类的生产和行为模式带来深刻改变，推动人类能力迈向新的阶梯。

（1）人工智能的主要特征

结合人工智能的技术逻辑，可将其主要特征总结为如图 1-1 所示。

图 1-1 人工智能的主要特征

① 大数据为基底，算法为核心。数据是人工智能的技术基座，人工智能的发展仰赖各学科领域的经验知识作为数据驱动，这些数据通常需要从各学科的数据库中获取，并在使用前对其进行处理分析。算法是人工智能的核心工具，综合运用数据和算法，人工智能可针对人类需求提供有效信息，建立知识模型。

② 硬件为桥梁，人机协作。人工智能是人类智能与机器的结合，在这一结合中，硬件发挥枢纽作用。举例来说，通过传感器等硬件，人工智能可模拟人类的视觉、听觉、触觉等各项官能，以感知外部信息，并运用文字、语音、图像等形式给出反馈。在以硬件为依托的人工智能的支持下，人类与机器将建立有效的协作关系，人与人之间的合作也将得到深化。

③ 具备学习、推理能力，可实现动态迭代。人工智能拥有自适应能力，可根据不同的场景、数据、任务要求灵活调整参数和模型。在人工智能的驱动下，人类和机器之间具有交互性，前者可驾驭后者，后者可理解前者。可利用这一交互性开展机器学习，实现机器的动态迭代，为人工智能的进步提供支撑。

（2）人工智能的类型划分

对应能力、模型、实现阶段等各个维度，形成了人工智能的多种分类方式，如图 1-2 所示。

① 按能力划分人工智能。从能力维度，可将人工智能划分为以下类型：

- 机器学习（machine learning）：人工智能的基础性技术，利用数据开展机器的训练学习，使其具备数据分析和预测判断能力。

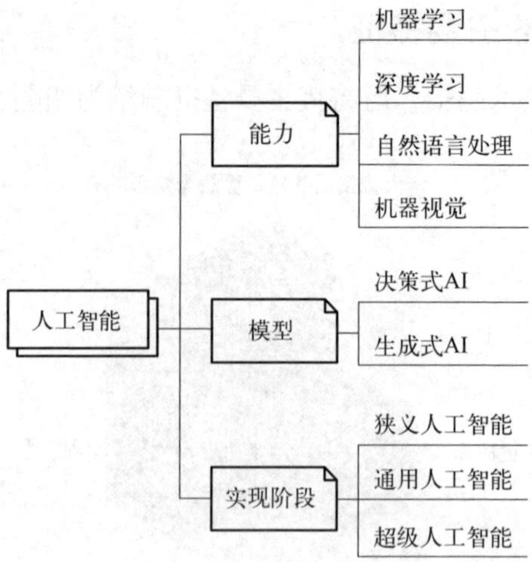

图 1-2　人工智能的类型划分

- 深度学习（deep learning）：机器学习的高级形式，运用深层神经网络模型，能够自动提取信息特征，可用于处理图像识别、语音识别等较为复杂的任务。
- 自然语言处理（natural language processing，NLP）：使机器具备对人类语言的理解能力，可用于执行语音识别、机器翻译、对话问答、信息提取等任务。
- 机器视觉（computer vision，CV）：赋予机器以人的视觉能力，使机器能够代替人眼的作用，可用于处理目标检测、人脸识别等与视觉相关的任务。

② 按模型划分人工智能。从模型维度，可将人工智能划分为以下类型：

- 决策式 AI：在开展数据学习时，此类人工智能侧重于学习条件概率分布，可基于数据进行分析、判断与预测，以帮助人类在各种场景下做出正确合理的决策。决策式 AI 的应用领域有风控系统、自动驾驶、机器人等。
- 生成式 AI：此类人工智能侧重于学习数据中的联合概率分布，不局限于对现有数据的分析运用，而是能够在数据学习的基础上开展创造性工作。通过模仿或整合已有数据，生成式 AI 可产出文本、图像等各种形式的原创内容。生成式 AI 的出现和普及是人工智能领域取得的重要突破。

③ 按实现阶段划分人工智能。从实现阶段维度，可将人工智能划分为以下类型：

- 狭义人工智能（artificial narrow intelligence，ANI）：目前人工智能技术所处的发展阶段，又称弱人工智能，这里的弱并非绝对意义上的能力弱，而是相较于人类智能仍然有所欠缺。有些人工智能所使用的算法和神经网络复杂度极高，能够完成指定的任务，但由于受单一目标驱动，它们仍然被认为是狭义人工智能。

- 通用人工智能（artificial general intelligence，AGI）：能够像人类一样胜任智力型工作。通用人工智能利用已有的知识经验开展学习，并归纳出用于预测判断的模式，其智能水平比狭义人工智能更高。
- 超级人工智能（artificial super intelligence，ASI）：人工智能的最终发展阶段，具有完全的自主意识，可真正掌握人类行为。超级人工智能呈现出的特质与人类无异，同时其分析能力和处理能力远在人类之上。人工智能的这一终极形态描绘出了一个引人遐想而又令人担忧的未来，届时人类的地位恐被技术和机器取代。

1.2 发展历程：AI 的演变路径

当前，生成式人工智能工具（如 ChatGPT）已逐步在社会各领域实现深度应用。然而，相较于应用层得到的高度关注，其底层技术体系的演进历程却鲜为人知。从符号主义时期的规则系统构建，到神经网络架构的革新突破，人工智能的发展经历了数次技术范式更迭与理论体系重构，具体如图 1-3 所示。

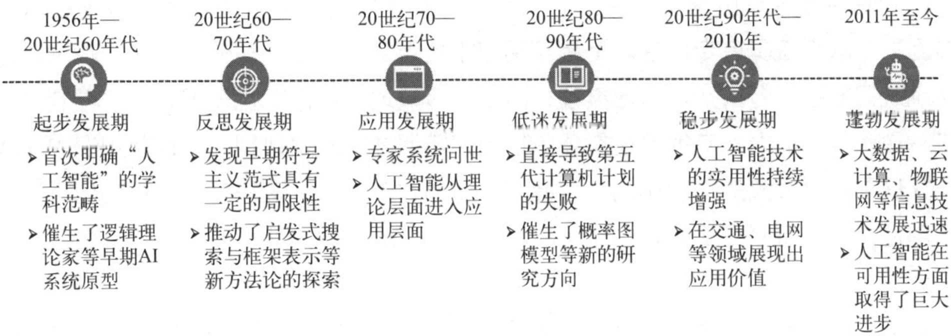

图 1-3 AI 的演变路径

（1）起步发展期（1956 年—20 世纪 60 年代）

1956 年 8 月，由约翰·麦卡锡（John McCarthy）等学者发起的达特茅斯夏季研究项目，首次明确了“人工智能”的学科范畴，确立了符号推理与问题求解两大核心研究方向。该会议催生了逻辑理论家（Logic Theorist）等早期 AI 系统原型，标志着人工智能正式进入系统性研究阶段。

此阶段主要采用基于规则的符号主义范式，在定理证明、模式识别等领域取得了基础性突破，并为人工智能技术的发展奠定了理论框架。

（2）反思发展期（20 世纪 60—70 年代）

早期符号主义范式具有一定的局限性，不适用于复杂问题的求解。比如，机器定理证明项目在组合爆炸问题上的失效，以及 ELIZA 聊天机器人在语义理解层面的表面性特征，均暴露出符号系统在知识表示与常识推理方面存在系统性缺陷。因此，在这一阶段，相关研究人员重新审视人工智能技术路线，推动了启发式搜索与框架表示等新方法论的探索。

（3）应用发展期（20 世纪 70—80 年代）

20 世纪 70 年代，专家系统问世，标志着人工智能发展的转折。专家系统是服务于特定领域的计算机程序，用户将自己需要解决的问题输入系统，而后系统会利用获取自人类专家的知识和经验进行判断，为用户提供有效的解决方案。

专家系统的出现是人工智能发展历程中的重要转折，标志着人工智能从理论层面进入应用层面，且已经具备利用专门知识解决实际问题的能力。

（4）低迷发展期（20 世纪 80—90 年代）

随着专家系统的应用日益广泛，其问题和局限也逐渐显现，主要表现在以下方面：专家系统具有专门性，使用范围限于特定领域，无法充分满足用户需求；专家系统只能基于专家知识做出推理，而无法有效地利用常识性知识，这严重制约了其解决问题的能力；专家系统需要具备专家知识才能发挥作用，而这些知识的获取与整理需付出大量的时间和精力；推理方法相对单一，无法在需求发生变化时保持适用性；不具备分布式功能，无法与其他系统形成有效协同；兼容性差，数据共享不便捷。

这一阶段直接导致第五代计算机计划的失败，同时催生了概率图模型等新的研究方向，从而为后续机器学习的发展埋下了伏笔。

（5）稳步发展期（20 世纪 90 年代—2010 年）

20 世纪 90 年代中期，互联网技术逐渐走向成熟，并在人工智能的发展中起到了关键作用。互联网技术的广泛应用显著地提升了信息的获取和传播效率，为人工智能的创新研究创造了有利条件，此阶段人工智能技术的实用性持续增强。

2008 年，IBM 提出“智慧地球”的新概念，此概念主张基于互联网、传感器网络等信息技术在全球范围实现万物互联，以对各个领域和各类事物实施智能化的控制管理。“智慧地球”描绘出了人工智能广阔的应用前景，而现实中人工智能的应用也持续取得进展，在交通、电网等领域展现出应用价值。

（6）蓬勃发展期（2011 年至今）

2010 年后，大数据、云计算、物联网等信息技术发展迅速，图形处理器（GPU）等计算工具也日趋成熟，带动人工智能进入蓬勃发展期。这一时期的人工智能在可用性方面取得了巨大进步，在多个领域显示出很高的应用潜力。

在人工智能的发展中，大数据扮演“能源供应者”的重要角色，充足的数据有助于提升机器的学习和理解能力，进而强化人工智能系统的性能。云计算和 GPU 对于人工智能发展的助力体现在计算方面，可提升计算的效率和可行性，满足深度神经网络等人工智能架构对计算资源的需求，推动人工智能技术的进步和应用。

1.3 技术框架：AI 产业链图谱

人工智能主要围绕模拟、延伸和拓展人类智能这一核心目的，从理论研究、方法探索、技术突破等多个维度寻求解决方案，涉及的方向包括机器人、图像识别、语音识别、专家系统和自然语言处理等。随着以生成式 AI 为代表的 AI 新技术的更新与升级，人工智能产业进入快速发展期，展现出创新技术集群式超越性发展、行业技术集成、国际合作深度协同等新的特征，是能够对未来产业发挥牵引作用的战略性技术，正成为新质生产力的重要驱动器。

2024 年 6 月，工业和信息化部等四部门印发《国家人工智能产业综合标准化体系建设指南（2024 版）》，指明人工智能标准体系结构以及人工智能标准体系框架分别如图 1-4、图 1-5 所示。

此外，该文件首次将人工智能产业链划分为基础层、框架层、模型层、应用层 4 个部分，具体如图 1-6 所示。

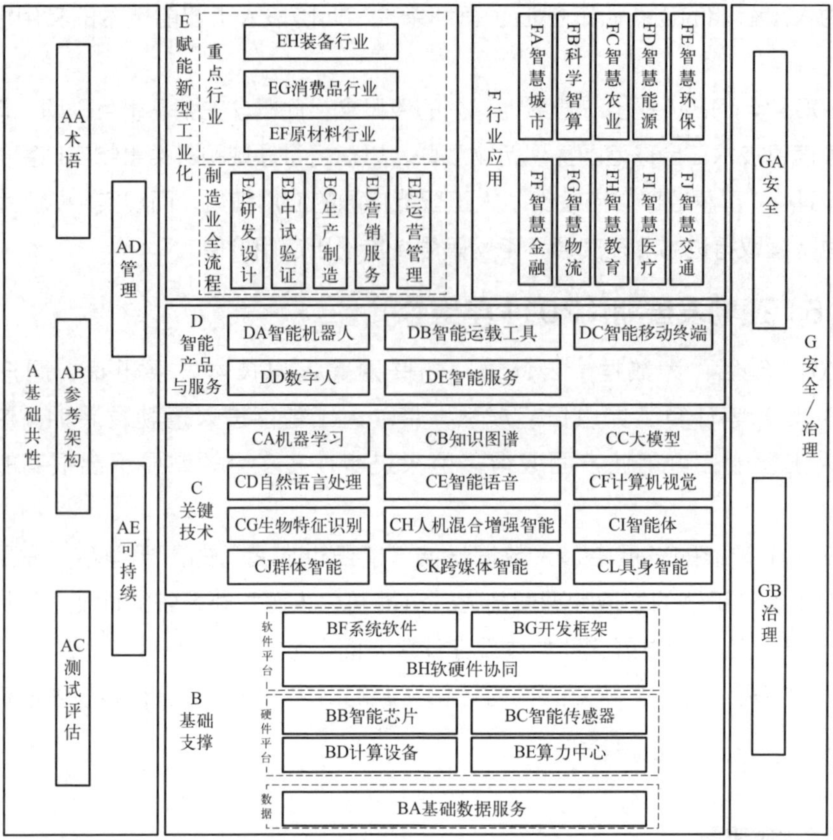

图 1-4　人工智能标准体系结构图[1]

(1) 基础层

人工智能的基础层负责数据的采集和运算，其中数据采集工具有智能传感器、大数据，数据运算工具则主要包括 AI 芯片和云计算。

算力是人工智能发展所倚仗的重要资源，而芯片是算力基础设施，在人工智能技术的演进中发挥关键作用。算法的更新使得人工智能被更多地应用于图像解析、语音识别等细分领域，对于算力的需求也迅速上升，因此需要在通用芯片之外开发针对特定领域的专用芯片，以在算力、功耗、可靠性方面满足人工智能的要求。举例来说，面向智能终端、自动驾驶等需要较强推理能力的领域，华为、寒武纪等企业开发出推理芯片，以提高人工智能的计算速度，在算力上为人工智能提供有力支持。

[1] 图片来源：《国家人工智能产业综合标准化体系建设指南（2024 版）》。

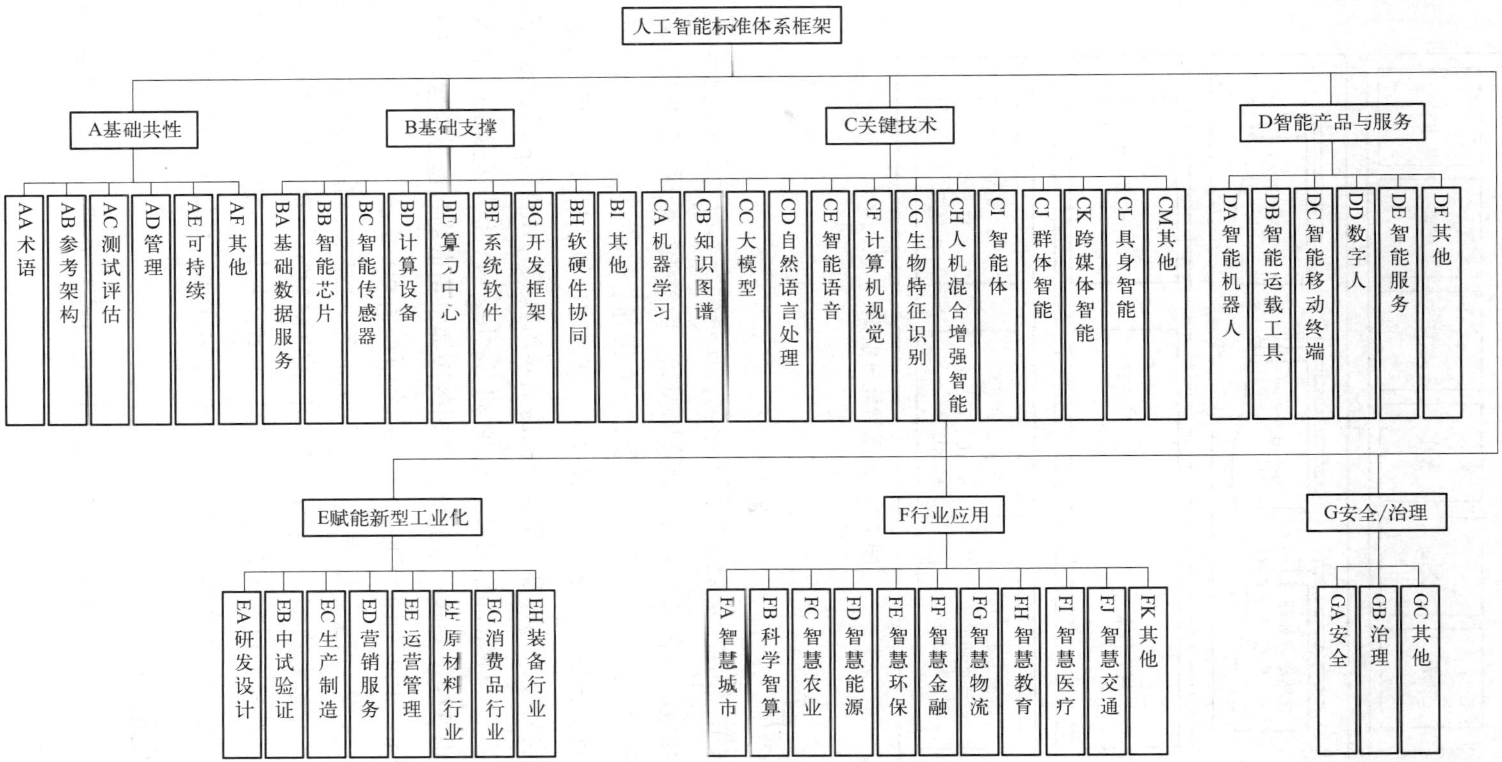

图 1-5　人工智能标准体系框架图❶

❶ 图片来源：《国家人工智能产业综合标准化体系建设指南（2024 版）》。

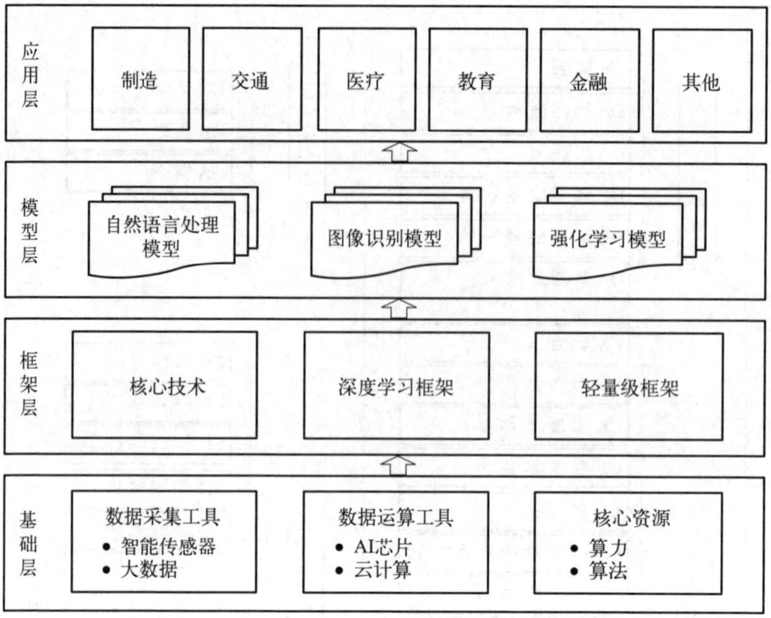

图 1-6 人工智能产业链

（2）框架层

人工智能的框架层负责数据并开展学习，在基础层和应用层之间发挥纽带作用。框架层的组成部分有机器学习、计算机视觉、自然语言处理、生物特征识别等多项技术，其开发和迭代是人工智能发展的核心工作。

深度学习框架是框架层发展的重要成果，能够实现算法封装。在具体的产品开发上，多家顶尖科技公司都推出了自己的深度学习框架，如谷歌的 TensorFlow、微软的 CNTK、亚马逊的 MXNet、Meta 的 Caffe2 等，这些框架都已得到广泛应用。此外，根据使用需要，企业推出了对资源要求更低的轻量级深度学习框架，如谷歌的 TensorFlow Lite、OpenAI Lab 的 Tengine 等。

国内在深度学习框架开发上也取得了一定的进展。企业方面有百度的 PaddlePaddle、华为的 MindSpore 等，小米的 MACE、腾讯的 NCNN、阿里巴巴的 MNN 则是较为具有代表性的轻量级深度学习框架；高校和科研机构方面，中国科学院计算所和复旦大学分别推出了 Seetaface 和 FudanNLP。

（3）模型层

模型层中包含人工智能模型和架构，用于自然语言处理，下面将选取几种常用模型加以介绍。

① 自然语言处理模型。自然语言处理模型的典型代表如表 1-1 所示。

表 1-1 自然语言处理模型的典型代表

名称	介绍
Transformer	由谷歌团队提出，该模型采用神经网络架构，是自然语言处理领域极具颠覆性和代表性的模型。Transformer 具备并行计算能力，可跟踪识别序列数据的关系，以完成上下文学习。Transformer 在文本生成、机器翻译等多个领域有着出色表现，成为其后多种大型语言模型所倚仗的基座
BERT	即 Bidirectional Encoder Representations from Transformers，由谷歌研发，为预训练语言模型。BERT 采用无监督学习的方式，根据上下文领会文本的含义，能够很好地完成文本分类、命名实体识别、问答等多项任务
GPT 系列	由 OpenAI 开发，经过了多次迭代。从 GPT-3 开始，GPT 开始展现出强大的性能。GPT-3 具有突出的零样本学习和语言生成能力。相比之下，GPT-4 在理解和生成能力上又取得了显著进步，能够准确理解文本、图像等多种形式的输入信息，并输出可靠的结果

② 图像识别模型。图像识别模型的典型代表如表 1-2 所示。

表 1-2 图像识别模型的典型代表

名称	介绍
卷积神经网络（convolutional neural networks，CNN）	用于处理图像和空间数据，包括图像的分类、检测、分割等。CNN 借助卷积层识别局部特征，并利用池化层实现空间的降维，是十分高效的图像处理工具。较有代表性的 CNN 模型有 LeNet、AlexNet、ResNet 等
生成对抗网络（generative adversarial networks，GAN）	由生成器和判别器组成。生成器负责生成图像，判别器则负责检验图像的真实性。GAN 在执行图像创作、图像修复等任务时有着出色表现，借此可获取到几近于真实的图像
扩散模型（diffusion model）	主要用于图像生成。扩散模型采用渐进的方式去噪，并从随机噪声中生成清晰、真实、细节丰富的高质量图像

③ 强化学习模型。强化学习模型的典型代表如表 1-3 所示。

表 1-3 强化学习模型的典型代表

名称	介绍
深度 Q 网络（deep Q-network，DQN）	深度学习与强化学习结合的产物，在游戏、机器人等领域展现出很高的应用价值。该模型借助神经网络接近 Q 值（状态 - 动作值）函数，使智能体得以在离散动作空间中做出回报最高的动作
近端策略优化（proximal policy optimization，PPO）	基于策略梯度的强化学习算法，可持续更新策略网络，以提高智能体在同环境交互的过程中取得的收益。PPO 的优势在于训练的稳定性高，且收敛速度快，是强化学习领域具有突破性的技术

（4）应用层

应用是人工智能发展的最终指向。应用层以基础层和模型层作为根基和凭借，负责推进人工智能技术在商业层面的应用落地，以促进相关行业的发展，满足特定场景的使用需求。人工智能的应用对于产业发展意义重大，是推动产业转型升级、打造全新产业生态的重要倚仗。目前，人工智能的应用范围已涵盖经济社会发展的多个关键领域，包括制造、交通、医疗、教育、金融等。

1.4 战略布局：全球 AI 产业发展

作为新一轮科技革命和产业变革的重要驱动技术，人工智能在全球范围内受到高度关注，各国纷纷加速在人工智能领域的布局，采取相关措施鼓励和扶持人工智能产业的发展。下面将主要介绍人工智能产业在美国、欧洲以及我国的发展情况。

（1）美国人工智能产业的发展情况

美国在人工智能产业发展上实力雄厚，传统互联网巨头 Google 以及 OpenAI、DeepMind 等初创公司都是全球顶尖的人工智能企业。总体而言，美国的人工智能产业具有投资规模大、技术实力强的特点。作为人工智能的发源地及主要阵地，美国对于人工智能的发展一向非常重视，并从多方面予以支持，比如：

- 在政策方面，2019 年，美国白宫签署第 13859 号行政令，题为“保持美国在人工智能领域的领导地位”，在战略上明确了人工智能的发展目标。
- 在资金支持方面，2023 年 5 月，白宫宣布美国国家科学基金会将拨款 1.4 亿美元建立七所人工智能研究机构，以为人工智能技术研发提供更加完善的基础设施，支持人工智能领域的技术创新。
- 在产业投资方面，美国对人工智能产业的投资规模为全球最大。市场咨询公司 Edge Delta 发布的数据显示，2019 年以来，美国已在人工智能领域投入 3285 亿美元；具体到企业，OpenAI 已得到 140 亿美元投资，Anthropic 获得 42 亿美元投资，在初创企业中分居前两位。
- 在技术进展方面，美国企业居于全球领先地位，尤其以 OpenAI 发布的大语言模型 ChatGPT 4.0 为代表。该模型支持 50 种以上语言，可根据用户需求快速生成高质量的文本内容，这反映了美国在人工智能领域的显著优势。

此外，人工智能的发展需要大量的高性能图形芯片提供算力，因此在人工智能的浪潮中，英伟达公司的芯片业务增长迅速，成为人工智能硬件领域的代表性企业。

（2）欧洲人工智能产业的发展情况

作为全球科技创新高地，欧洲在基础研究领域长期保持着国际领先地位，但在人工智能产业化应用方面与世界先进水平相比仍存在显著差距。为应对新一轮技术革命的挑战，欧盟正加速构建具有全球竞争力的人工智能创新体系。

2025 年巴黎人工智能行动峰会的召开，标志着欧洲 AI 发展战略的全面升级。通过推出“人工智能投资”（Invest AI）等重大举措，欧盟计划投入 2000 亿欧元建立公私协同的创新生态系统（其中公共资金 500 亿欧元，私营资本 1500 亿欧元）。这一系列举措旨在突破关键核心技术，培育具有国际影响力的 AI 产业集群。

为实现人工智能产业发展战略目标，欧盟提出系统性基础设施建设方案：

- 构建分布式人工智能算力网络，规划建设 5 个新型数据中心集群；
- 建立面向大模型训练的人工智能超级工厂，提供普惠性算力服务；
- 打造跨国界数据资源共享平台，提高数据要素配置效率；
- 实施 AI 人才培养“卓越计划”，预计 2030 年前培养百万级专业人才。

欧洲对于技术的监管向来比较严格，这也被认为是导致欧洲新兴技术发展缓慢的原因之一。具体到人工智能领域，欧盟颁布的《人工智能法》于 2024 年正式生效，该法案旨在对人工智能实施有效监督。总体而言，欧洲在技术创新与监管平衡方面正呈现新动态，通过实施“敏捷监管”等策略，重点调整以下方向：

- 建立 AI 研发“监管沙盒”制度；
- 简化非敏感领域技术审批流程；
- 设立 AI 伦理评估快速通道。

此外，欧洲科技界通过《欧洲 AI 雄心议程》提出六大行动框架：

- 构建开放创新联盟：由 ASML、Mistral 等龙头企业牵头建立 AI 技术共享平台；
- 推进垂直行业应用：重点布局智能制造、精准医疗、绿色能源三大领域；
- 完善投融资体系：设立欧洲 AI 创新基金，提供风险补偿和税收优惠政策；
- 强化产学研协同：建立 10 个跨国 AI 创新联合实验室；
- 数字主权建设：开发自主可控的 AI 基础软硬件体系；
- 社会应用示范：开展 100 个城市级 AI 社会治理试点项目。

（3）我国人工智能产业的发展情况

当前，我国 AI 产业体系已经发展得相对完善。自 2016 年起，国家相继发布了一系列引导人工智能发展的政策文件，包括《国家创新驱动发展战略纲要》《互联网 + 人工智能三年行动实施方案》《新一代人工智能发展规划》《国家新一代人工智能创新发展试验区建设工作指引》等，党的二十大报告进一步指出，要持续加大对新一代信息技术、人工智能等领域的投入和研发力度，推动人工智能产业成为新的经济增长极。

结合产业发展实际来看，我国的计算机视觉、语音识别技术等已跻身世界前列，具有一定的行业主导性。在技术进步的推动和政府的引领下，越来越多专注于金融、交通、制造等场景应用的 AI 企业涌现出来，呈现出良好的发展势头，但在 AI 芯片、AI 算法等领域仍旧存在较明显的短板。根据《2023 全球人工智能创新指数报告》，在所有参评国家中，中国人工智能创新指数排名第二，仅次于美国。《中国互联网发展报告（2024）》显示，2023 年我国人工智能核心产业总值达到 5784 亿元。

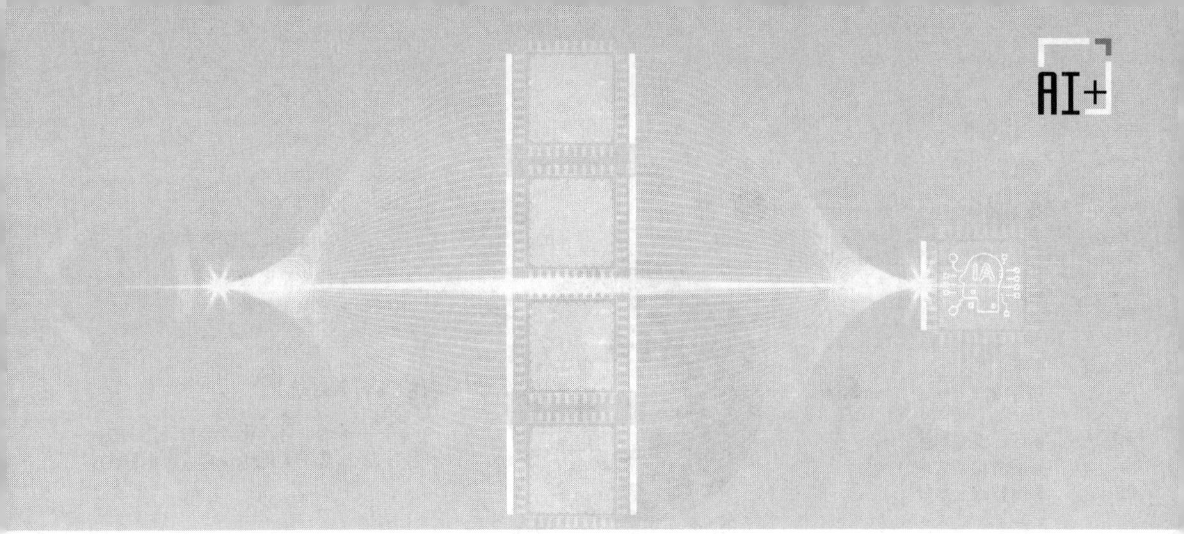

第 2 章
核心要素：AI 的三大基石

2.1 数据：AI 的“血液”

数据在人工智能技术体系中占据基础性战略地位。在人工智能系统中，数据既是机器学习模型的输入基底，也是 AI 系统实现动态调优的重要支撑，数据质量直接影响着算法和算力。

AI 数据指的是那些数据规模大、多元化特征明显、生成周期短且能够作为高价值要素在各行业产业链条上进行价值创造的数据集合，此类数据主要用于下游 AI 模型的训练和程序调用。高质量、大规模、多元化的数据集能够促进 AI 大模型的性能提升，缩短模型的训练周期，使 AI 大模型具备更优良的模型结构、更强的鲁棒性、更好的泛化性。建立数据集的流程如图 2-1 所示。

当前，国家将数据要素市场的培育和发展作为一项关键工作，从制度供给侧引领数据要素市场建设。2019 年，党的十九届四中全会首次在中央文件中将“数据”纳入生产要素范畴；2022 年，《中共中央 国务院关于构建数据基础制度更好发挥数据要素作用的意见》中明确指出“从数据产权、流通交易、收益分配、安全治理四个方面初步搭建我国数据基础制度体系”。

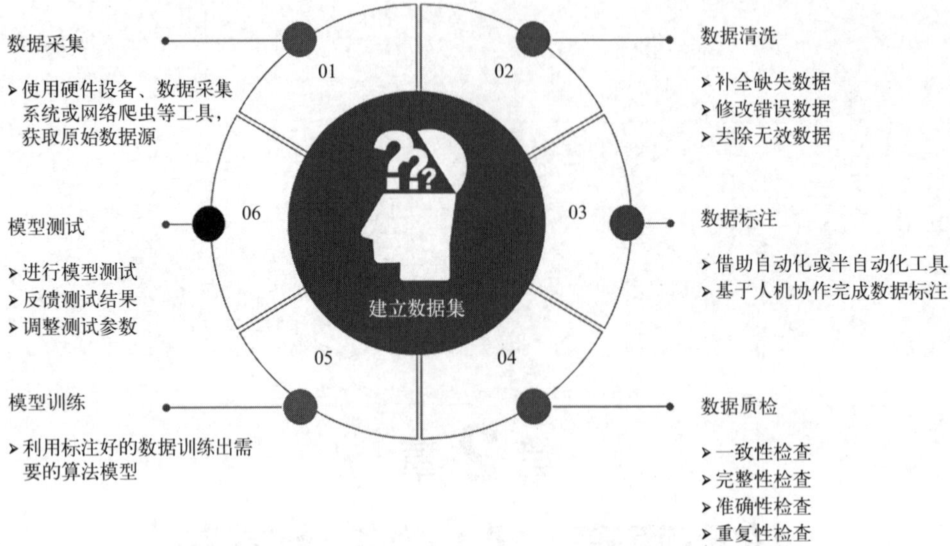

图 2-1　建立数据集的流程

AI 数据产业链中，上游提供数据资源、人力资源支持以及信息技术（IT）基础设施，其中人力资源服务供应商主要包括专业化提供数据标注服务的厂商和综合 IT 类厂商两类，当前业内进行人力支持的主流方式是采用远程线上服务即云 BPO 模式。中游则以服务类供应商如数据标注服务供应商为主，具体又可分为专业厂商和云厂商两类，其中云厂商的主营业务包括为企业内部算法研发提供解决方案、柔性化满足云业务客户的多元化需求。下游为数据服务的需求方，具体包括大模型、智能驾驶以及各个需要借助 AI 算法赋能企业发展的行业和领域。

根据数智化服务商艾瑞数智测算，2023 年中国 AI 数据服务市场规模约 45 亿元；随着 AI 算法从定制化服务单一任务的小模型升级发展为具有综合支撑能力的大模型，以及大模型应用场景的多元化发展，预计到 2028 年，市场规模将达到 170 亿元，5 年内的复合增长率为 30.4%。

大模型为 AI 数据提供了主要的需求牵引，当前大模型的训练数据主要来自公开数据、网络爬虫等可以通过技术手段合规获取的数据，其次是采购数据。根据 EpochAI 等机构的预测结果，所有公开的文本数据仅供支撑大语言模型利用到 2026 至 2032 年，采购数据将是未来大模型训练的主要数据来源。在垂直细分领域的应用场景优化以及行业需求挖掘中，大模型开发厂商也能够更多地通过合作交互获取客户侧的数据资源，强化模型在行业垂直细分领域的数据供给，增强模型解决行业特定领域或企业特定问题的能力。

2.2 算法：AI 的“大脑”

人工智能算法旨在从本质上理解智能，在此基础上制造出一款机器，这台机器能够达到人类的智能水平，在智能的驱动下执行各项操作，处理学习、沟通、决策等任务。人工智能算法的运行需借助数据和模型。

对于人工智能而言，算法相当于指挥行动的“大脑”，人工智能在算法的支持下处理数据，应对不同场景下的各类任务。算法的质量越高，人工智能的性能就越出色，在智能化方面的表现就越优异。

下面将具体介绍人工智能算法的各种类型。

（1）监督学习算法

此类算法使用标记数据训练模型，培养模型对数据的归纳和预测能力。举例来说，现打算开发一款模型用于识别手写数字，由于每个人的书写习惯不同，同一个数字可能有很多种写法，因此需要收集尽可能多的手写数字图片用于模型的训练，并标明每一张图片所代表的具体数字，此即标记数据。经过训练的模型能够掌握从 0 到 9 各个数字手写体的特征，从而准确判断出图片中的数字手写体所对应的具体数字。比较常用的监督学习算法有线性回归、逻辑回归、决策树、朴素贝叶斯等。

（2）无监督学习算法

此类算法使用未标记数据训练模型，使模型得以识别存在于数据中的结构。举例来说，现有一家商场想要通过数据分析增进对顾客的了解，以确定下一步的经营策略，为此他们从多名顾客处收集购物数据，不过数据中并未包含分类信息，此即未标记数据。该场景下可借助无监督学习算法对购物数据进行聚类处理，根据购物习惯完成顾客的归类。除该示例中的聚类外，无监督学习的主要任务还包括降维、异常检测等。常见的无监督学习算法有用于聚类任务的 K-means 聚类、用于降维任务的主成分分析（principal component analysis，PCA）、用于异常检测的局部离群因子（local outlier factor，LOF）等。

（3）半监督学习算法

此算法在训练时同时使用标记数据和未标记数据，其中未标记数据占大多数，此算法适用于标记数据获取成本高或难度较大的场景，比如医学影像。医学影像数据的标记需要专业医生来操作，人力成本较高，且标记过程会花费大量的时间；与此同时，无标记的医学影像数据获取难度并不大。因此在医学影像领域可借助半监督学习算法训练模型，有效解决标记数据不足的问题，充分利用未标记数据。自训练、图半监督学习、协同训练等都属于半监督学习算法。

（4）强化学习算法

强化学习算法强调从与环境的交互中获取数据，运用试错的方式培养面对特定场景和任务的决策能力。举例来说，强化学习算法可用于自动驾驶汽车的研发，通过汽车与驾驶环境的交互进行训练和试错，提升自动驾驶汽车在各种情景下的决策效率和精准度，保障自动驾驶的安全性。自动强化学习算法的应用领域还包括机器人控制、游戏 AI、金融交易等。目前常见的强化学习算法有 Q-learning、深度确定性策略梯度（deep deterministic policy gradient，DDPG）、近端策略优化（proximal policy optimization，PPO）等。

（5）深度学习算法

深度学习是机器学习的一个类别，其主要特征在于使用深层神经网络模型。深度学习算法可应用于图像识别、自然语言处理等多种类型的任务。比如，借助深度学习算法可实现人脸识别功能，根据人脸照片确认身份信息，甚至还可做到观察辨认照片中人物的细微表情。常见的深度学习算法有深度神经网络（deep neural network，DNN）、卷积神经网络（convolutional neural networks，CNN）、目标检测算法等。

人工智能算法的开发与应用不仅意味着技术的进步，更重要的是实现人类认知的跨越式发展，激发人类的创造潜能。目前人工智能算法已经在多个领域显现出极高的应用价值，包括科研、教育等。

人工智能算法有效推动了科研领域的方法创新，科研人员将人工智能应用于实验设计、数据处理、跨学科合作等方面，使科研效率得到显著提升，不断取得新的科研进展。举例来说，生物学领域的科研工作需处理分析大量的基因组数据，由此发现疾病中蕴含的分子机制，而人工智能算法强大的数据处理能力可为科研人员提供有效帮助。

在教育领域，人工智能算法也有着广阔的应用前景，可用于构建定制化教育模式，同时加强教学过程中的师生互动，以取得更好的学习效果。借助人工智能算法开发智能教学系统，每一名学生可基于自身的基础、兴趣、学习目标等制订针对性的学习计划，有效地提升学习的积极性和效率。同时在人工智能的支持下，教师可实时掌握学生的学习情况，以确定下一步的教学方向和重点，并为学生提供必要的单独指导。

2.3 算力：AI 的“肌肉”

如果说算法是人工智能的大脑，那么算力就是执行大脑指令的肌肉，是人工智能应用落地的重要倚仗。大数据时代下，人工智能模型需要更多的计算资源进行训练，因此算力的作用显得尤为关键。算力的提升将使得模型训练变得更加高效，为模型的设计及优化提供有力的支撑。

人工智能的算力将影响其在处理任务时展现出的性能。影响算力的因素有硬件设备、软件框架、算法优化、数据存储与运输、算力基础设施等，下面将对此作具体介绍。

（1）硬件设备

① CPU（中央处理器）。CPU 是很好的通用计算工具，不过并行计算和浮点运算并非其强项，在处理这类计算任务时 CPU 表现得较为低效。受此影响，CPU 在人工智能领域往往扮演辅助处理器的角色。

② GPU（图形处理器）。GPU 在并行处理方面具备显著优势，是 AI 算力所仰仗的关键设备，可凭借高速计算极大地提升模型训练效率。GPU 在与人工智能相关的多个领域，包括深度学习、图像处理等发挥关键作用。

③ 其他专用芯片。包括现场可编程门阵列（field-programmable gate array，FPGA）、专用集成电路（application-specific integrated circuit，ASIC）、神经处理单元（neural processing unit，NPU）等，与通用芯片相比，这些芯片针对性更强，用于特定场景和任务，可起到提升计算效率和降低功耗的效果。

（2）软件框架

AI 软件框架对算力的支持体现在多个环节，包括算法开发、模型训练、计算流程优化等，能够使 AI 算力得到更加充分的利用。较常用的软件框架有 TensorFlow、PyTorch、LangChain 等。

（3）算法优化

算法优化能够降低计算量，使计算变得更加精准和高效，由此实现 AI 算力的提升。举例来说，借助剪枝、量化等手段可减小模型的规模，提升模型的运行速度，使模型得以在更低的算力条件下正常运行，同时确保模型性能不受影响。

（4）数据存储与传输

数据在存储和传输方面的性能将对 AI 计算效率产生影响。在数据存储方面，分布式存储等技术能够起到提升存储效率的作用，实现数据的快速访问，此外高速缓存也是常用的存储技术；数据传输的效率和质量则主要受到网络连接和传输协议的影响，通过对两者的优化可有效保障数据传输的顺畅，降低丢包率。

（5）算力基础设施

AI 算力的基础设施有服务器、网络设备（交换机、路由器等）、电源系统等。AI 技术的发展和推广对算力提出了更高的要求，相应地算力基础设施的建设也在持续推进。比如在散热系统中引入液冷散热技术，起到更好的散热效果，减少计算过程中服务器的能耗；另外，提升网络连接设备的性能能够优化数据传输，使传输变得更加稳定高效。

算力是人工智能技术发展的重要支撑，在很大程度上决定人工智能系统的数据处理能力和计算能力，算力的提升将使得人工智能具备更强的应用价值，在更多的领域发挥关键作用。

第 3 章
AI+：赋能未来产业发展

3.1 技术底座：提供核心技术支撑

未来产业是推动产业转型升级、提升产业竞争力的重要着力点，我国高度重视未来产业的发展，并描绘出了清晰的发展路径。2024 年 1 月，工业和信息化部等七部门联合发布《关于推动未来产业创新发展的实施意见》，提出了未来产业发展的六大方向，分别是未来制造、未来信息、未来材料、未来能源、未来空间和未来健康。

而作为新兴技术的代表，人工智能可对未来产业发展起到关键的赋能作用。2024 年 12 月召开的中央经济工作会议明确提出开展“人工智能 +”行动，培育未来产业。

“人工智能 +”强调人工智能技术与各行业领域的融合，通过技术协作释放创新活力，推动关键技术取得突破性进展，并在融合应用的过程中判断各产业的发展潜质，以明确未来产业的发展方向。

“人工智能 +”可为未来产业发展提供技术底座，驱动产业的技术创新，拓展产业的应用场景，并保障产业体系的稳定运转。

“人工智能 +”可持续拓展人工智能的应用空间，强化人工智能对未来产业发展的赋能作用。机器学习、计算机视觉、自然语言处理等多项人工智能技术都可为未来产业提供技术支持，促进产业的高质量可持续发展。比如，机器学习与深度学习可用于量子计算的数据处理优化，进行量子软件的协同配置，从而有效推动量子产业的发展；又如在机器人领域，人工智能可提高机器人的自主性和智能化水平，使其具备自学习、自适应、自决策能力，更好地满足各类任务场景的需求。

“人工智能 +”与前沿技术的结合能够为未来产业创新发展提供重要推力，催生更多高质量的技术创新成果，并加快成果的产业化应用。

举例来说，作为当前备受关注的前沿技术，量子计算可提供强大算力，在处理大规模数据和复杂模型上表现出色，并且能够很好地解决多维度优化问题。通过与人工智能技术的融合，量子计算的算力将得到更加充分的利用，从而促进量子信息产业的发展。再比如在元宇宙领域，人工智能与脑机接口的融合可为用户带来更加真实的场景体验，增强场景的沉浸感和交互性，以提升元宇宙对消费群体的吸引力，扩大元宇宙市场。

3.2 商业变革：重塑未来产业模式

未来产业的主要特性为前瞻性和高度的不确定性，相应地，其商业模式强调经济形态革新和新兴技术的融合应用。“人工智能 +”能够在商业层面为未来产业注入创新活力，确立平台化运营、精准响应用户需求、数实融合的新商业模式。在新商业模式的指导下，企业可有效提升资源配置效率，面对市场需求变化保持灵活性和适应性，并不断开拓应用场景，从而充分挖掘未来产业的商业价值。

（1）激活平台化运营模式

过去的商业运作多以创造单一企业的价值为导向。而在“人工智能 +”的驱动下，未来产业将确立起与以往不同的全新商业模式，基于平台化运营联通开发者、供应商、用户等各个参与主体，创造能够使多主体共同受益的附加价值。元宇宙就是这种平台化运营模式的实践者，其建立起包含虚拟资产交易、社交互动等功能单元的集成化平台，各主体可通过平台进行互动，获取其所需的价值。

换言之，平台化运营有助于消除行业壁垒，为未来产业参与者间的交流与协作创造有利条件，提升产业的运转效率和发展质量。

（2）精准响应个性化用户需求

在数据的驱动下，人工智能可对服务方式进行优化。基于数据整合分析提供强大的预测和决策能力，使未来产业得以更加精准地响应用户需求，显著提升服务质量。

以脑机接口为例，人工智能可根据生物信号为用户制订针对性的治疗方案，并提供各项健康辅助服务；同时，人工智能能够实时采集用户健康数据，并据此对服务内容实施动态调整，满足用户的个性化需求，提高用户满意度。

（3）基于数实融合改变价值传递方式

在数字空间和实体经济之间，“人工智能 +”发挥枢纽和桥梁作用，其建立起新的价值链结构，更新了价值的创造和传递模式，提升了企业经营全流程的价值传递效率。

举例来说，在人工智能的驱动下，未来显示技术促进了虚实间的融合，形成了人与外部事物之间全新的交互方式，能够为用户带来更具沉浸感的场景体验，使用户获取到更高质量的娱乐、教育、医疗等各项服务。

3.3 产业协同：实现资源高效配置

产业链是决定产业发展上限的关键因素。“人工智能 +”可提升产业链的资源配置效率，在各环节间建立更加有效的协同关系，并增强产业链的灵活性和自我调整能力，使其能够更好地应对市场环境变化。

（1）加强产业协同创新

人工智能拥有强大的数据分析和处理能力，可为未来产业的产业链革新提供重要助力，改变原有的线性生产模式，促进上下游各环节的信息交流和业务合作，打造更加开放、更具协同性、更富创新活力的产业链体系。

以生物制造为例，在该领域，人工智能可有效整合原材料采购、生产制造、质量控制、物流配送等各个环节，以保障产品的高效高质生产和按时交付；再比如在未来网络技术中，人工智能可对数据传输路径实施调整改进，以提升数据传输的效率和稳定性，同时还能够合理配置各层级的网络资源，实现流程优化。

（2）提升可预测性与可追溯性

利用大数据分析、深度学习等技术，“人工智能 +”可准确预测产业链的演进趋势，并制定相应的优化方案，以打造更加高效灵活的产业链。同时，借助人工智能技术还能够有效保障产业链的可追溯性。

以新型储能领域为例，人工智能可用于电池制造的全程监控，实时采集生产数据并进行分析，以及时识别潜在安全风险，避免造成严重影响。

（3）优化人机协同方式

人机协同是促进高效生产的有效手段，尤其适用于危险系数较高的重复性工作，可在提升生产效率的同时保障人员安全。人工智能可用于分析人机协同过程中的人员行为和环境数据，以对人机协同方式作出优化。此外，脑机接口技术也有望深化人类与机器的协作，人类利用脑电波控制机器人的行动，使其更加精准地完成各项任务。

3.4 创新生态：驱动产业迭代升级

数字创新生态的参与者有企业、高校、科研院所等，旨在基于多方协作推进人工智能技术的融合应用，并达成各方互利共赢的合作目标。而“人工智能+”能够有效促进未来产业各主体的协作，推动科技创新成果的推广应用，为未来产业的发展进步提供动能，打造健康完善的未来产业数字创新生态。

（1）构建融合创新发展模式

未来产业生态的各参与者秉持合作共赢理念，致力于深入挖掘未来产业生态的整体价值，实现融合创新发展。“人工智能+”的作用体现在未来产业发展的全过程，包括基础研究、产品研发、商业应用等各个环节。

利用人工智能强大的数据处理能力，生态参与者可较为准确地预测技术的演进趋势，在此基础上做出科学合理的决策，实现资金、人才、技术等各项要素资源的合理配置，推进科技创新成果的应用落地，形成协同共享、互利互惠的数字创新生态。

（2）拓展产业数字创新边界

凭借模型、数据、算力等各项资源，“人工智能+”可充分满足数字创新生态各参与者的创新需求，为未来产业开拓更为广阔的创新空间，培育出更多技术实力强劲的新兴企业。

以生物医药这一未来产业为例，人工智能、脑机接口、智能制造等对产业创新发展起到了重要的赋能作用，拓展了生物医药的创新边界；同时，在技术开发平台和产业应用平台的支持下，生物医药产业的区域整体性发展取得了显著成果。

（3）优化数字产业治理生态

“人工智能 +”可将未来产业的影响扩散至医疗、能源、制造等各个领域，深化公众对未来产业的认知，扩大数字创新生态的参与群体，从而充分发挥社会监督治理在未来产业发展过程中的积极作用。当未来产业显露出缺陷和弊端，公众可及时指出问题所在，并呼吁政府、行业机构等采取相应措施，纠正错误倾向，保持产业发展处于正确的轨道。公众广泛参与数字创新生态，能够更好地保证科技创新成果服务于民、有益于民，使未来产业创造更大的社会效益。

另外需要注意，目前的未来产业还在培育当中，相关的风险防控机制和监管体系有待进一步完善，同时人工智能这一新兴技术的使用也需遵循一定的规范。因此，在运用“人工智能 +”赋能未来产业发展时，应针对人工智能应用建立完善的监管审查制度，健全相关的法律法规，从伦理、技术等角度出发全面分析人工智能的应用风险，在促进未来产业发展的同时有效维护市场安全和社会稳定。

2

第2篇

关键技术

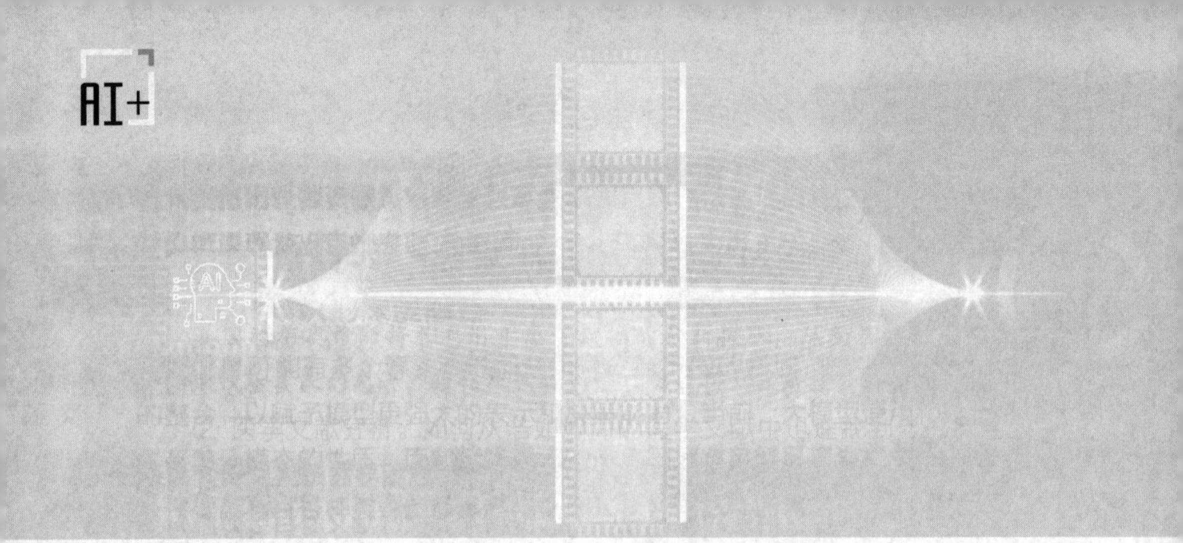

第 4 章 深度学习技术

4.1 深度学习的发展历程

深度学习（deep learning，DL）是机器学习的重要分支，同时也是表示学习领域最具代表性的技术路径之一。一般来说，特征的一般性描述为表示，当算法具备自动学习特征的能力时，该算法的学习方式就是表示学习，以特征的形式输入数据信息可以有效提高机器学习系统的准确率。

深度学习是通过构建多层非线性变换架构实现特征表示的机器学习方法，其“深度”特指模型中隐藏层的层级数量。深度学习通过深层神经网络自动学习层次化特征表示，利用端到端的学习机制有效提升模型在复杂任务中的表征能力和预测精度，达到提升机器学习系统的效率和准确性的效果。具体来说，深度学习的数据处理流程如图 4-1 所示。

深度学习与人工神经网络和人工智能的关系如图 4-2 所示。人工智能是一个范围较大的概念，包含多项内容；机器学习作为实现人工智能的核心技术路径，与知识表示、规划决策等共同构成人工智能的完整技术体系；人工神经网络是一种机器学习算法，也是深度学习的标准化模型；深度学习是基于深层神经网络的机器学习方法，属于机器学习的重要分支，具有较高的灵活性和较强的表示学习能力，能够处理传统机器学习无法解决的难题，进一步扩大人工智能的应用范围。

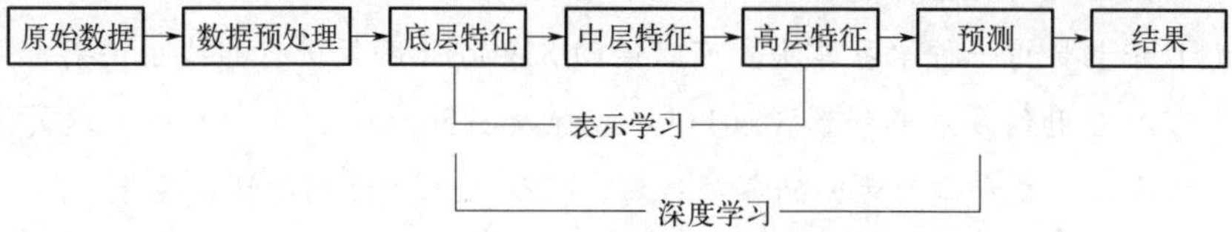

图 4-1　深度学习的数据处理流程

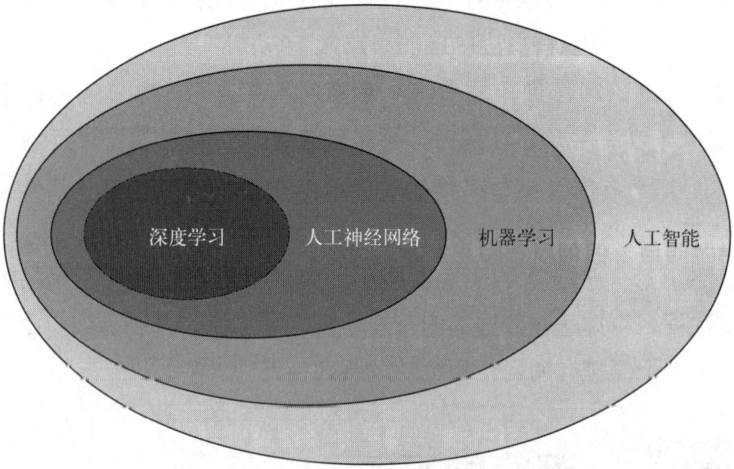

图 4-2　深度学习与人工神经网络和人工智能的关系

从发展历程上来看，1943 年，相关研究人员已经开展关于人工神经网络的研究，并创建出了世界首个人工神经网络——大脑神经元的数学模型。但受计算能力和数据量的限制，深度学习的发展速度较慢。到 21 世纪初，人工神经网络得到一定发展，相关应用日渐广泛，计算能力越来越强，并出现了大规模数据集，因此深度学习技术也取得了一定突破。2006 年，杰弗里 · 辛顿（Geoffrey Hinton）提出了深度学习的概念，在一定程度上对深度学习的发展进行了规范。具体来说，人工神经网络的发展过程包含“三起两落”：

- 第一“起”：1957 年，心理学家弗兰克 · 罗森布拉特（Frank Rosenblatt）创建出感知器模型，并提出一种与人类学习过程相近的学习算法。
- 第一“落”：1969 年，马文 · 明斯基（Marvin Minsky）和西蒙 · 派珀特（Seymour Papert）出版《感知机》一书，表示感知机存在无法处理异或（XOR）问题以及计算能力不足两项缺陷。在后续十余年的时间里，关于神经网络的研究基本处于停滞不前的状态。

- 第二“起”：1986年，计算机科学家杰弗里·辛顿（Geoffrey Hinton）等人提出反向传播算法（back propagation，BP）。该算法是人工神经网络中十分重要的一种学习算法，可以借助Sigmoid函数进行非线性映射，同时也可以应用到多层感知器（multi-layer perceptron，MLP）当中，灵活化解非线性分类和学习方面的各项难题，促进人工神经网络快速发展。
- 第二“落”：BP算法在训练深层神经网络方面存在一些不足之处，易引发梯度消失和梯度爆炸问题，在1995—2006年期间，计算机性能仍旧难以支撑大规模的人工神经网络训练，而线性分类器和SVM等方法的难度和复杂度更低，因此逐渐成为应用较多的训练方法。
- 第三“起”：2006年，杰弗里·辛顿等人提出深度学习，并提出“先利用无监督学习逐层预训练模型，再借助有监督学习对模型进行调优”的解决方案，这一方案可以有效解决梯度消失和梯度爆炸问题，打破了人工神经网络发展过程中的阻碍。

随着大数据等先进技术的飞速发展和计算能力的不断提升，深度学习可以深入学习样本数据，掌握这些数据的内在规律和表示层次，并逐渐被广泛应用到语音和图像识别等多个领域，为各个领域的发展提供助力。

4.2 深度学习的关键技术

近年来，深度学习快速发展，深度学习模型逐渐被广泛应用到各个领域当中，如语音识别、图像分类、自然语言处理等，并在一定程度上拓宽了这些领域的技术边界，为各个领域的发展提供了强有力的支持。

（1）预训练语言模型

① BERT。双向变换器模型（bidirectional encoder representations from transformers，BERT），是一种用于语言表征的预训练模型，该模型采用双向Transformer架构，在利用大规模语料库进行预训练时可以充分考虑左右两侧的词语信息，同时也可以通过预训练进一步捕捉各个词语之间的上下文关系，从而在自然语言处理任务中展现出更好的效果。就目前来看，BERT已经被应用到问答系统、文本分类和命名实体识别等多种自然语言处理任务当中。

② GPT。生成式预训练变换器（generative pre-trained transformer，GPT），是 OpenAI 提出的一种生成型自然语言处理模型，该模型以 Transformer 解码器架构为基础，具备参数规模大的特点，可以利用大量互联网文本数据进行预训练，并在此基础上生成高质量的文本内容，执行不同种类的语言任务，实现翻译、问答、文本生成等功能，在不经过微调的情况下灵活处理各类任务，从而在各个语言生成和对话系统中发挥作用。

（2）生成对抗网络

生成对抗网络（generative adversarial networks，GAN）主要包含生成器和判别器两部分。其中，生成器主要用于生成可以以假乱真的假数据，判别器主要用于区分真假数据。在对抗训练过程中，GAN 中的生成器可以有效提高生成数据的逼真度。

GAN 的应用：从实际应用方面来看，GAN 可以应用到图像生成、图像修复、图像风格转换和图像超分辨率等多个领域。例如，StyleGAN 模型具备图像生成功能，可以生成高质量的人脸图像；CycleGAN 模型具备图像转换功能，可以改变图像风格。除此之外，GAN 还可以在其他多个领域，如数据增强、医学影像生成和艺术作品创作等中发挥作用。

（3）自监督学习和无监督学习

① 自监督学习。自监督学习是一种介于监督学习和无监督学习之间的机器学习方法，无须人工标注数据，可以借助设计预训练任务的方式从无标签数据中学习特征。一般来说，自监督学习任务主要涉及对数据某一部分的预测、对数据缺失部分的填补和对数据变换方式的判断等内容，自监督学习可以广泛应用到 SimCLR、MoCo 等图像模型以及 BERT 等预训练语言模型当中，进一步提高模型的表示能力，获得更好的迁移学习效果。

② 无监督学习。无监督学习是一种可以在无标签数据中挖掘潜在结构和模式的机器学习算法。在深度学习中，无监督学习的方法可分为对比学习、自动编码器和变分自动编码器等多种类型，如表 4-1 所示。从本质上来看，这些方法主要通过聚类和降维的方式在数据表示、模型生成、异常检测等任务中发挥作用。

表 4-1　无监督学习的方法

技术方法	具体内容
对比学习	充分发挥正负样本对构造方法的作用，构造正负样本对，加强对模型的训练，增强模型在高位空间中的数据样本区分能力，提升表示学习效果

续表

技术方法	具体内容
自动编码器	低维表示输入数据编码，并对原始数据进行重构，学习有效的数据表示
变分自动编码器	将概率模型融入自动编码器当中，并借此生成新数据，进而在图像生成和数据增强等方面发挥重要作用

深度学习的发展在一定程度上展示出其在多个领域（如图像生成、无标签学习、自然语言处理等）中的潜力。就目前来看，深度学习可以凭借其强大的能力在多项任务中发挥作用，同时也将促进人工智能快速发展，并进一步深化人工智能应用。

4.3 深度学习与计算机视觉

在计算机视觉（computer vision，CV）领域，深度学习技术展现出良好的应用效果，并逐渐被广泛应用到多种场景当中。从实际应用上来看，在各类深度学习模型的支持下，相关研究人员可以处理多种复杂任务，如物体检测和图像分割、图像生成与超分辨率、医学影像处理等。

（1）物体检测和图像分割

① 物体检测。物体检测需要一定的识别和生成功能，主要用于识别图像中的目标并为其生成边界框和类别标签，深度学习技术的应用可以大幅提高物体检测的高效性和准确性。物体检测的主流算法如表 4-2 所示。

表 4-2 物体检测的主流算法

主流算法	具体内容
R-CNN 系列	区域卷积神经网络（region-based convolutional neural networks，R-CNN）系列主要包含 R-CNN、Fast R-CNN、Faster R-CNN 三种模型，这些模型可以选择检测候选区域，并充分保证检测的精准性和高效性
YOLO	YOLO 系列模型具有检测精度高和检测速度快的优势，可以将物体检测作为一项回归问题，直接预测图像中各区域的边界框和类别，进而实现对物体的实时检测
SSD	单次多边检测（single shot multibox detector，SSD）算法可以在单次向前传播过程中对多尺度特征图中的边界框和类别进行预测，并充分保证检测的速度和精度

② 图像分割。图像分割主要用于将图像中的各个像素划分到特定类别当中。

一般来说，图像分割通常可分为两种类型，如表 4-3 所示。

表 4-3　图像分割的两种类型

主要类型	具体内容
语义分割	语义分割可以利用全卷积网络（fully convolutional networks，FCN）和 U-Net 网络等深度学习方法将图像中的各个像素划分到特定类别当中。具体来说，FCN 可以以卷积和反卷积的方式进行端到端像素级分类；U-Net 主要应用于医学图像分割领域，并表现出了良好的应用效果
实例分割	实例分割既可以区分不同类别的像素，也可以区分同类的不同实例。具体来说，Mask R-CNN 不仅可实现 Faster R-CNN 的各项功能，还拥有具备像素级掩码预测功能的分支，可以保证实例分割的精确度

（2）图像生成与超分辨率

① 图像生成。图像生成指的是根据噪声或图像生成新的图像。图像生成模型主要包括两种方法，如表 4-4 所示。

表 4-4　图像生成的模型算法

模型算法	具体内容
GAN	生成对抗网络（generative adversarial networks，GAN）中具有生成器和判别器，可以通过对抗训练实现图像生成。从实际应用来看，GAN 目前已广泛应用到多种场景当中，并在图像生成、图像修复、风格转换等多项任务中表现出良好的应用效果
VAE	变分自动编码器（variational autoencoder，VAE）具有图像生成和数据增强功能，可以将图像处理成潜在变量，并在此基础上利用解码器生成新的图像

② 图像超分辨率。图像超分辨率（image super resolution，ISR）是指由一幅低分辨率图像或图像序列恢复出高分辨率图像。图像超分辨率的模型算法主要包括两类，如表 4-5 所示。

表 4-5　图像超分辨率的模型算法

模型算法	具体内容
SRCNN	超分辨率卷积神经网络（super-resolution convolutional neural network，SRCNN）是一种基于深度学习技术的超分辨率模型，可以利用三层卷积网络对图像进行重塑，大幅提高图像的分辨率
ESRGAN	增强型超分辨率生成式对抗网络（enhanced super-resolution generative adversarial networks，ESRGAN）增加了残差块和对抗损失，可以在图像重建和视频增强方面发挥作用，大幅提升图像和视频的分辨率，充分保证图像质量

（3）医学影像处理

深度学习技术在医学影像处理领域的应用，为医学诊断和治疗的发展提供了强有力的支持，具体如表 4-6 所示。

表 4-6　深度学习在医学影像处理领域的应用

技术应用	具体内容
图像分类	深度学习技术可以对 X 光片、CT 扫描、MRI 图像等多种医学图像进行自动分类，为医疗工作人员诊断疾病提供方便。从实际应用上来看，ResNet、DenseNet 等卷积神经网络已经被应用到各项医学图像分类任务当中，并呈现出良好的应用效果
病变检测	Faster R-CNN、YOLO 等基于深度学习技术的模型具备自动识别功能，可以快速检测到医学图像中的肿瘤等病变部位，为医疗工作人员精准定位病变区域提供方便，提高医疗诊断效率
图像分割	U-Net 等模型的应用可以通过对医学图像的处理实现对器官和病灶的分割，在肿瘤分割、血管分割等多项医学图像分割任务中发挥着重要作用
图像重建	深度学习技术可实现高质量图像生成功能，能够充分发挥 GAN、自动编码器等工具的作用，对医学影像进行低剂量 CT 重建、MRI 图像去噪等处理，提高医学影像的质量和分辨率，降低辐射剂量，缩短扫描时间

深度学习在计算机视觉中的应用可以在多个领域，如物体检测、图像分割、图像生成、医学影像处理等发挥重要作用，为计算机视觉的快速发展和广泛应用提供了强有力的支持。

4.4 深度学习与自然语言处理

深度学习可被广泛应用于自然语言处理领域，为各项自然语言处理相关任务提供强有力的支持。在神经网络和深度学习模型的作用下，相关工作人员可以进一步提升模型在处理文本数据、生成文本摘要、理解语义和翻译文本等方面的能力，同时也可以借此实现对对话系统的升级。

（1）语言模型的演进

基础语言模型的构建和演进与深度学习技术的应用密不可分。在语言模型发展初期，N-Gram 等各类语言模型大多使用统计方法来处理各项任务，无法有效捕捉长距离的依赖关系；当深度学习技术广泛应用到自然语言处理领域后，神经网络语言模型展现出了强大的能力，传统方法逐渐被淘汰。

① RNN 和 LSTM。在神经语言模型发展初期，各个模型均需借助循环神经网络（recurrent neural network，RNN）来捕捉序列中的依赖关系，但在处理长距离依赖方面，RNN 极易造成梯度消失问题，因此相关研究人员将门控机制融入长短期记忆网络（long short-term memory，LSTM）当中，解决梯度消失问题，进一步增强语言模型的性能。

② Transformer。Transformer 模型在自然语言处理中的应用重塑了语言模型架构。具体来说，在自注意力机制的作用下，Transformer 模型可以并行处理序列中的所有位置，进一步增强全局依赖关系捕捉能力，大幅提升计算效率。从实际应用上来看，BERT 和 GPT 系列模型均应用了 Transformer 模型架构，其中，BERT 适合用来处理编码任务，GPT 适合用来处理生成任务。

③ 预训练语言模型。预训练语言模型是自然语言处理领域的重要应用，可以在大规模语料库中展开无监督预训练，并在预训练过程中学习各类语言表示，从而在经过针对特定任务的微调后进一步增强性能。从实际应用效果上来看，BERT 和 GPT 等预训练语言模型的应用可以有效促进自然语言处理领域快速发展，提升语言理解和生成任务的效果。

（2）机器翻译

机器翻译是一种基于自然语言处理的文本自动翻译应用，可以利用计算机将源语言转换为目标语言。深度学习在自然语言处理中的应用可以大幅提高机器翻译质量，增强机器翻译的可用性。

① Seq2Seq 模型。在深度学习翻译系统发展初期，大多使用序列到序列（sequence to sequence，Seq2Seq）模型。模型主要包含编码器和解码器两部分，其中，编码器主要负责将源语言序列编码为上下文表示，解码器主要负责根据上下文生成相应的目标语言序列。就目前来看，LSTM、GRU 等深度学习模型已经被广泛应用到 Seq2Seq 模型当中，为模型进行文本翻译提供支持。

② Attention 机制。Attention 机制支持解码器在生成词的过程中动态关注语言系列中的各个相关部分，可以为自然语言处理相关应用、捕捉上下文信息提供方便，同时也大幅提高了机器翻译的性能。

③ Transformer 模型。在自注意力机制的作用下，Transformer 模型架构可以升级机器翻译系统，获得更高的翻译效率和翻译质量。就目前来看，OpenNMT 等多种基于 Transformer 架构的模型已经被广泛应用到各类翻译任务当中，在机器翻译领域发挥着至关重要的作用。

（3）文本生成与摘要

深度学习可以用于文本生成与文本摘要。

① 文本生成。GPT 等生成型预训练模型可以根据输入提示生成符合要求的、连贯的文本内容，并在一定程度上模拟人类写作风格，保证文本内容的质量和多样性。一般来说，深度学习技术可以应用在对话系统、故事生成和代码生成等多种场景当中。

② 文本摘要。深度学习在文本摘要场景中的应用可分为抽取式摘要和生成式摘要两种类型，其中，抽取式摘要需要通过选择原文中的关键语句的方式生成摘要，生成式摘要需要利用 Seq2Seq 模型生成自然语言摘要。就目前来看，BERTSUM、T5 等各项基于深度学习技术的文本摘要工具在自然语言处理中的应用表现出了良好的应用效果，大幅提升了文本摘要的质量和准确性。

（4）情感分析与文本分类

深度学习技术可以通过分析文本内容实现情感判断和文本分类，灵活处理各项情感分析和文本分类任务，是自然语言处理领域的重要应用。

① 情感分析。情感分析指的是利用 RNN、CNN 和 Transformer 等深度学习模型提取文本中蕴含的情感特征，并对这些情感特征信息进行分析，进而实现对文本情感倾向的精准判断。从实际应用来看，目前已经有多种预训练模型（如 BERT 等）被应用到情感分析场景当中，并通过微调展现出了良好的应用效果。

② 文本分类。文本分类涉及多项内容，如主题分类、情感分类、垃圾邮件分类等，BERT、RoBERTa 等各类深度学习模型在文本分类场景中的应用具有通用性和高效性的特点，可以通过微调来提高适应能力，进而灵活高效地处理各种不同的分类任务。

4.5 深度学习技术的应用领域

深度学习技术不仅可以在自然语言处理和计算机视觉领域发挥作用，还可以广泛应用到自动驾驶、风险管理等多个领域，促进各行业持续创新，快速发展。

（1）强化学习及其应用场景

强化学习是一种先进的机器学习方法，从定义上来看，强化学习可以通过智能体与环境的持续交互逐步优化智能体的行为策略，并在此基础上优化和更新训练过程，从而达到最大化累计奖励的目的。深度强化学习融合了深度学习技术和强化学习方法，可以充分发挥深度神经网络的作用，借助近似值函数和策略函数解决高位状态空间问题。

① AlphaGo。AlphaGo 是谷歌开发的一款应用了深度强化学习技术的人工智能机器人，可以综合运用深度神经网络和蒙特卡罗树搜索算法等多种新技术智能化处理各项任务。2016 年 3 月，AlphaGo 以 4 ：1 的总比分战胜围棋世界冠军李世石，后又陆续战胜多位围棋高手，由此可见，深度学习在复杂策略游戏方面有着较大的应用潜力。

② 机器人控制。机器人控制是深度强化学习技术的重要应用领域之一，在深度强化学习的作用下，机器人可以与环境进行交互，并自主学习抓取、行走、导航等各项具有一定复杂度的技能。从实际应用来看，目前已经有多种基于深度强化学习的算法被应用到机器人控制领域，如深度 Q 网络、深度确定性策略梯度等，这些算法大多展现出良好的应用效果，在机器人控制领域发挥着重要作用。

③ 自动化系统优化。深度强化学习具备持续学习和优化的功能，可以应用到资源分配、动态定价以及供应链管理等各类自动化系统的优化过程当中，保证决策和资源配置的高效性。

（2）自动驾驶中的深度学习

① 感知系统。深度学习技术在自动驾驶中的应用可以与多种传感器，如摄像头、毫米波雷达、激光雷达等设备协同作用，并利用这些传感器广泛采集外界信息，从而借助各项传感器数据实现对环境的感知。自动驾驶感知系统常用的深度学习技术主要包括两类，如表 4-7 所示。

表 4-7　自动驾驶感知系统常用的深度学习技术

常用技术	具体内容
物体检测	YOLO、Faster R-CNN 等深度学习模型可以实现对道路上的各类物体（如行人、车辆、交通标志等）的检测，增强自动驾驶系统的感知能力，帮助自动驾驶汽车躲避行人和障碍物，从而保障行车的安全性
场景分割	SegNet、DeepLab 等语义切割模型可以对图像中的各个像素进行分类，识别道路场景图像中的各项目标，为自动驾驶系统理解各项道路信息提供支持，从而提高自动驾驶汽车的安全性

② 决策与控制。深度学习在自动驾驶领域的应用可以充分发挥各项感知数据的作用，强化车辆的决策和控制能力，以便预测各个交通参与者的行为，规划最佳

行车路径，充分保证驾驶方案的安全性和有效性。自动驾驶决策与控制系统常用的深度学习技术主要包括两类，如表 4-8 所示。

表 4-8　自动驾驶决策与控制系统常用的深度学习技术

常用技术	具体内容
路径规划	在深度学习技术的支持下，自动驾驶系统可以根据各项感知数据实时规划最佳行驶路径，帮助车辆避开障碍物和复杂路况，提高行车的效率和安全性
行为预测	深度学习模型可以预测各个交通参与者的行为，增强自动驾驶系统的应变能力，帮助自动驾驶汽车及时发现行人过街、车辆变道等情况并进行避让，减少交通事故

③ 端到端学习。在自动驾驶领域，部分研究人员将端到端深度学习方法引入到自动驾驶系统，利用传感器输入生成控制输出。这种方式有效降低了系统架构的复杂程度，但对数据和计算资源的要求相对较高。

（3）金融技术中的深度学习

① 算法交易。深度学习技术在算法交易中的应用具有一定的预测功能，可以实现对金融市场走势的预测，同时也可以在制定交易策略方面发挥作用。算法交易常用的深度学习技术主要包括两类，如表 4-9 所示。

表 4-9　算法交易常用的深度学习技术

常用技术	具体内容
时间序列预测	LSTM、Transformer 等深度学习模型具有分析和预测功能，可以分析金融时间序列数据，预测股票价格、交易量等金融市场走势相关内容，从而提高买卖决策的准确性
量化交易策略	深度强化学习技术的应用可以模拟市场环境，通过自主学习等方式掌握最佳交易策略相关信息，实现对交易策略的量化，进而在最大限度上提升投资回报率

② 风险管理。在金融领域，深度学习技术主要有信用评分、欺诈检测等应用，这些应用可以增强金融风险管理能力，帮助投资者规避金融风险。深度学习在金融风险管理中的应用主要体现在如表 4-10 所示的几个方面。

表 4-10　深度学习在金融风险管理中的应用

常用技术	具体内容
信用评分	深度学习模型可以分析各项用户信息，如交易行为、信用记录、社交数据等，并根据分析结果评估用户信用风险，为金融机构的贷款决策提供依据
欺诈检测	深度学习模型可以分析大量交易数据，且具备模式识别功能，在交易过程中可以实现对异常行为、潜在欺诈行为等金融风险的实时检测，同时也能够在一定程度上保证检测的效率和准确性

③ 个性化金融服务。深度学习技术可以提高金融服务和产品推荐的精准性及个性化程度。深度学习在个性化金融服务中的应用主要体现在如表 4-11 所示的几个方面。

表 4-11　深度学习在个性化金融服务中的应用

常用技术	具体内容
智能投顾	深度学习模型可以对用户的投资偏好、风险承受能力等数据信息进行分析，并根据分析结果生成符合用户实际情况的投资组合建议，为用户提供个性化的财富管理服务
精准营销	深度学习技术可以用于分析用户的各项消费行为及金融需求，实现对目标客户的精准定位，并针对各个目标用户为其提供个性化的产品和服务，优化用户体验

总而言之，深度学习可以在强化学习、自动驾驶和金融技术等多个领域发挥作用，进一步推动决策走向智能化，实现自动化控制，提高服务的个性化程度，提升风险管理水平，为各个行业及领域的创新和发展提供强有力的支持。

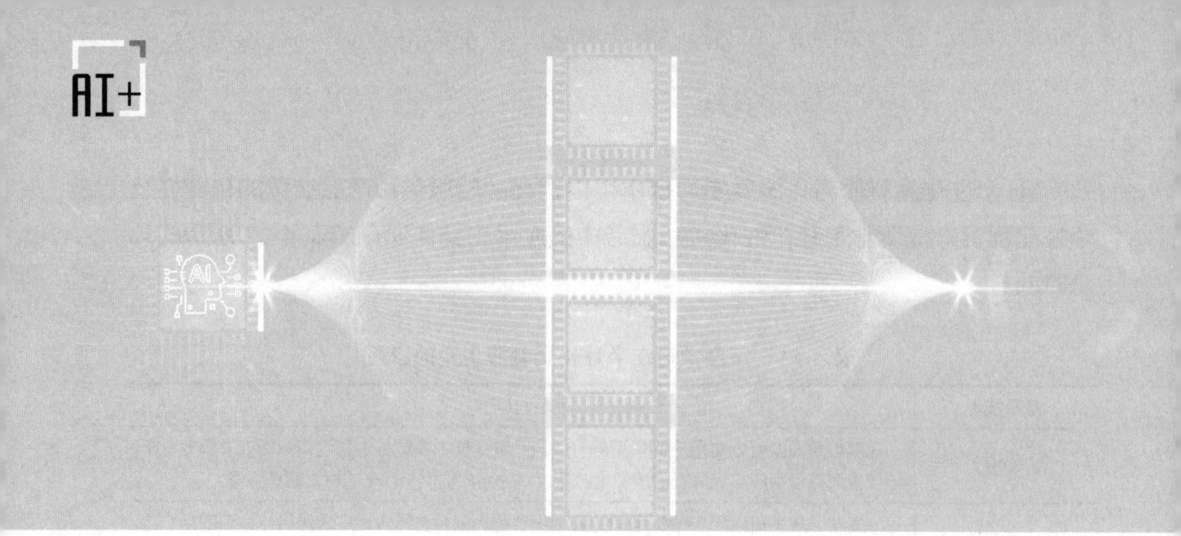

第 5 章 知识图谱技术

5.1 知识图谱的基本要素

知识图谱是人工智能领域的一项重要技术，备受各领域专业人员关注。具体来说，知识图谱融合了多个学科，如图形学、信息科学、应用数学等的理论和方法，可通过图的形式将不同领域的知识进行结构化表示。

与传统的数据库模型相比，知识图谱采用图结构表现信息，以图的节点代表人、物品、地点等实体，以边代表属于、位于、合作等关系，可以呈现出各个实体之间的复杂语义关系，实现智能搜索、推荐系统、语义理解、智能问答和自然语言处理（natural language processing，NLP）等多种人工智能应用。

近年来，大数据、深度学习等技术飞速发展，知识图谱逐渐成为人工智能发展过程中不可或缺的一项基础设施，既可作为现代搜索引擎和智能推荐系统的一部分，也可以广泛应用到医疗健康、智能制造和金融分析等多个领域，不仅如此，基于大规模、多源异构数据的知识图谱还具备信息处理功能，能够深入理解、关联分析和精准推理各项信息。

知识图谱是一种利用图结构来组织、存储和表示知识的方式，通常包含如

表 5-1 所示的几项基本要素。

表 5-1 知识图谱的基本要素

基本要素	具体内容
实体（entity）	实体是知识图谱的基础单位，也是各项知识和信息的中心，知识图谱中的节点可以表示现实世界中的各项实物，如人、物品、事件、地点、组织等
关系（relation）	关系连接着知识图谱中的各个实体，用于表示实体间的各种语义关系，如是、位于、属于等。例如，乔布斯与苹果公司之间的关系为“创始人”，北京与中国之间的关系为“位于”
属性（attribute）	属性主要用于描述实体的属性或关系特征。具体来说，当“乔布斯”为实体时，从属性的角度来看，属性“出生地”为“美国”；从关系特征的角度来看，关系为“乔布斯是苹果创始人”，那么可能出现的属性为“成立时间”是“1976 年”
本体（ontology）	本体主要用于定义实体类别、关系类型和层级关系，可以推动知识图谱构建和理解走向结构化、系统化，同时也可以在一定程度上提升知识图谱的语义一致性以及可扩展性

在以上各项基本要素的作用下，知识图谱可以抽象、归纳和组织各项复杂、异构的信息，提高信息检索、推理、问答的高效性和智能化程度。

5.2 知识图谱的技术优势

知识图谱可以有效组织并结构化表示大量复杂、分散的信息。与传统的数据库和信息检索系统相比，知识图谱采用图结构，可以明确显示出各项事物之间的关系和属性，在不同层面提高信息利用效率。总的来说，知识图谱的技术优势如图 5-1 所示。

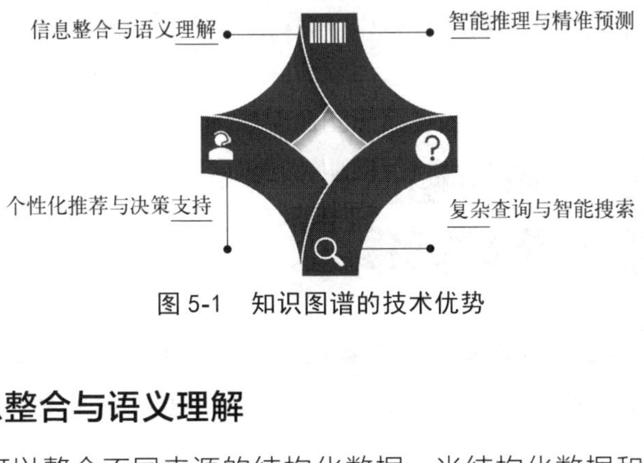

图 5-1 知识图谱的技术优势

（1）信息整合与语义理解

知识图谱可以整合不同来源的结构化数据、半结构化数据和非结构化数据，利用统一的语义框架来降低系统理解各个领域的信息的难度，为融合不同领域的知识提供支持。以医学领域为例，知识图谱既可以集成疾病、药物、治疗方法等数据信息，也可以显示出这些实体之间的关系，从而为相关工作人员开展医学研究和临床决策提供依据。

（2）智能推理与精准预测

系统可以根据知识图谱中的实体和关系推理并预测出未显示存在的信息，从中挖掘出新知识。与此同时，在图卷积网络（graph convolutional networks，GCN）等深度学习方法的作用下，知识图谱不仅可以显示各项已知的知识，还可以实现高效的模式识别和预测。具体来说，系统可以基于已知的实体和关系推理出潜在的关联实体和关系，并从中获取更多知识图谱的内容。

（3）复杂查询与智能搜索

与传统的数据库和检索系统相比，知识图谱可以理解查询的语义，支持复杂度更高的查询，同时也可以提高查询的灵活性。例如，当用户所提问的问题为“乔布斯在哪一年创建苹果公司？”时，系统既可以精准识别出实体“乔布斯”和“苹果公司”，也可以理解二者之间的关系为“创建”，还可以给出正确答案。除此之外，知识图谱还可以充分发挥图结构的作用，保证匹配的精准度，并实现基于图的查询和基于推理的查询。

（4）个性化推荐与决策支持

知识图谱具有个性化推荐功能，可以根据用户的兴趣和需求向其推荐相应的内容。在电商和媒体推荐系统中，知识图谱可以分析用户历史行为信息和图谱中的实体关系，并根据分析结果向用户推荐相应的商品或内容，确保推荐符合用户的兴趣或需求。不仅如此，知识图谱还可以在金融、医疗等多个领域中发挥作用，为专家决策提供支持。

5.3 知识图谱的构建流程

构建知识图谱的过程具有一定的复杂性，且步骤繁多，涉及从多个不同的数据源中提取、整合和存储信息。具体来说，构建知识图谱主要需要用到以下几个步骤，如图 5-2 所示。

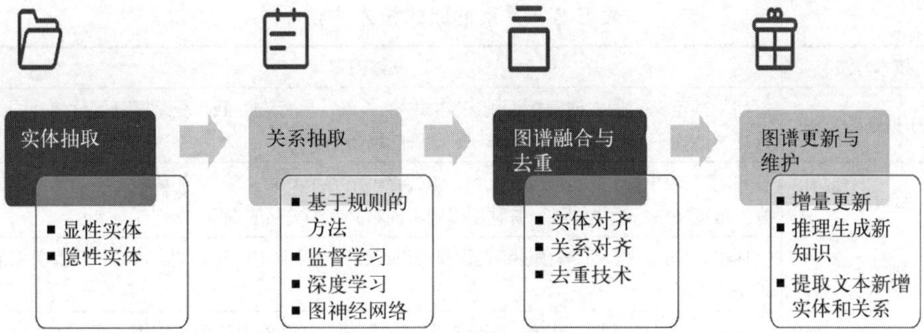

图 5-2 知识图谱的构建流程

（1）实体抽取

在构建知识图谱的过程中，首先需要进行实体抽取。实体抽取指的是从大量非结构化的文本中识别和提取人名、事件、时间、地点、组织等关键信息实体。一般来说，实体可分为以下两种类型：

- 显性实体：文本中明确提到的实体名称，如“上海”“微软公司”等。
- 隐性实体：文本中并未直接提及，但可根据文本内容推断出的实体，如与“iPhone”相关的文本中所提到的“苹果公司”等。

在实体抽取环节，常用的技术手段主要包括命名实体识别（named entity recognition，NER）、词性标注和依存句法分析，具体如表 5-2 所示。

表 5-2 实体抽取的技术方法

技术方法	具体内容
命名实体识别	借助 NLP 算法、深度学习模型等工具实现对文本中的实体的自动识别，也可以利用基于规则的方法对实体进行标注
词性标注	辅助识别实体边界，与实体识别技术协同作用，获取实体信息
依存句法分析	深入理解实体间的语法关系，进而实现对实体及其属性的精准提取

（2）关系抽取

关系抽取指的是从文本中识别出实体间的语义关系。有效的关系抽取既可以找出实体间的直接联系，也可以挖掘出各个实体之间潜在的、隐藏的、复杂的关联。

在关系抽取环节，常用的技术手段主要包括基于规则的方法、监督学习、深度学习和图神经网络，具体如表 5-3 所示。

表 5-3　关系抽取的技术方法

技术方法	具体内容
基于规则的方法	利用预定义的模式或模板识别出文本中的关系，具有难度低、复杂度低等优势，同时也存在灵活性不足的问题，常用于规则明确的场景当中
监督学习	利用决策树、支持向量机（support vector machines，SVM）等机器学习算法和标注好的数据集进行模型训练，并利用模型实现对文本中关系的识别
深度学习	利用 GPT、BERT 等预训练语言模型进行迁移学习，进而实现对文本中的语义关系的深入挖掘
图神经网络	从知识图谱的图结构出发，充分把握实体与关系之间的复杂相互作用，实现大规模知识图谱处理

（3）图谱融合与去重

图谱融合与去重是整个知识图谱构建过程中的第三个步骤，可以有效融合来自文献、社交媒体、数据库等各个异构数据源的数据信息，并去除信息中重复、冗余或冲突的部分。

在图谱融合与去重环节，常用的技术手段主要包括实体对齐、关系对齐和去重技术，具体如表 5-4 所示。

表 5-4　图谱融合与去重的技术方法

技术方法	具体内容
实体对齐	利用基于相似度的算法、深度学习方法等方式对各个来源的实体进行对比，并判断这些实体是否指代的是同一事物
关系对齐	利用图匹配、语义推理等方式，统一使用不同术语描述相同的关系
去重技术	利用基于哈希值的方法、相似度计算和图匹配等方法识别出重复的实体和关系，减少数据冗余

（4）图谱更新与维护

时效性是影响知识图谱发挥作用的一项重要因素，因此在完成图谱融合与去重后，还需通过增量更新、推理生成新知识、提取文本新增实体和关系等方式进行准确、高效的图谱更新与维护，确保图谱可及时反映新的信息。

5.4 知识图谱的推理方法

知识图谱推理指的是根据当前已有知识图谱中的实体和关系推导出新的知识

或潜在关系。推理既可以在一定程度上拓展知识图谱范围，也可以挖掘出各项数据中隐藏的模式和结构，推动知识图谱走向智能化，进一步提高图谱的自动化处理能力，进而为发现未知事实和处理不完整信息提供支持，让知识图谱可以在实际应用过程中发挥更大的作用。

一般来说，知识图谱推理方法可以按照推理方式和技术手段划分成如图 5-3 所示的几种。

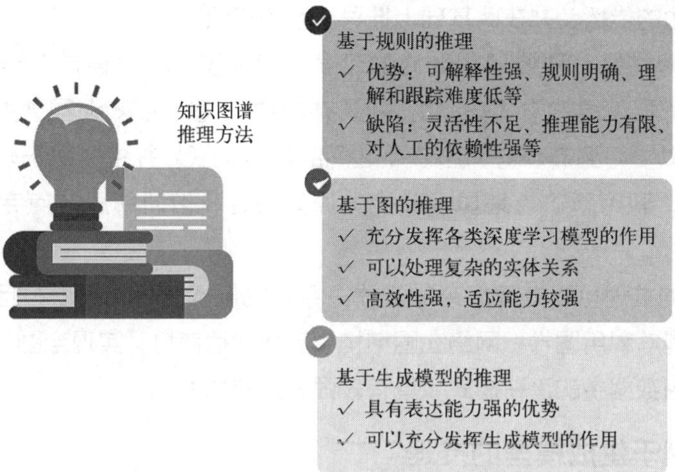

图 5-3　知识图谱的推理方法

(1) 基于规则的推理

基于规则的推理是一种传统的知识图谱推理方式，可以通过定义各项相关规则的方式推导出新的知识。具体来说，当现有规则为“若 A 属于 B，且 B 位于 C，那么 A 位于 C”时，若已知信息为“苹果公司属于科技公司”和“科技公司位于美国”，那么则可以推导出“苹果公司位于美国”。

基于规则的推理具有可解释性强、规则明确、理解和跟踪难度低等诸多优势，但同时也存在灵活性不足、推理能力有限、对人工的依赖性强等缺陷，当知识图谱规模扩大时，规则的数量和复杂度也会随之上升，进而导致维护和管理难度增加。不仅如此，对于复杂度较高的关系和清晰度不足的知识，基于规则的推理往往束手无策。

基于规则的推理常用于医学诊断、法律推理等领域的专家系统当中，可以利用该领域专家的知识根据明确的规则完成推导，找出当前已有图谱中的潜在关系。除此之外，SPARQL 查询语言也具备简单的推理功能，规则引擎也可以借助具有一定复杂度的规则定义实现推理推导，因此，基于规则的推理还可以利用SPARQL 查询或规则引擎来完成推理。

（2）基于图的推理

近年来，深度学习技术飞速发展，基于图的推理逐渐成为一项至关重要的知识图谱推理方法。图结构具有十分强大的表达能力，能够充分把握图谱中各实体之间的复杂关系。基于图的推理可以充分发挥各类深度学习模型的作用，借助图结构实现节点和边的传播，并在此基础上推导出新的知识。

图卷积网络是一种处理图数据的深度学习模型，可以通过在当前节点集成各个节点的邻居信息的方式获取更多图结构相关信息。在知识图谱推理方面，图卷积网络可以学习到节点与邻居节点之间的隐含关联，并生成用于表示该关联关系的新节点，利用新节点来显示节点的原始属性，借助邻居节点完善节点语义信息。

基于图的推理可以处理复杂的实体关系，挖掘出隐含的关联，且具有高效性强的优势，能够利用图卷积网络在图结构中高效传播信息，实现全图推理，同时也可以自动学习数据中的潜在模式，具有较强的适应能力。

（3）基于生成模型的推理

基于生成模型的推理在知识图谱中的应用逐渐广泛，具体来说，变分自编码器（variational autoencoder，VAE）、生成对抗网络（generative adversarial networks，GAN）等生成模型可以根据输入数据构建模型，并在此基础上生成新的样本，或获取隐含的信息。

基于生成模型的推理具有表达能力强的优势，可以利用生成模型根据现有知识推导出新的潜在知识，在知识图谱信息缺失的情况下发挥着重要作用。不仅如此，还可以充分发挥生成模型的作用，进一步掌握复杂的生成过程和隐含的知识关系，为补全知识图谱提供强有力的支持。

5.5 知识图谱的应用领域

就目前来看，知识图谱技术水平正不断提高，构建方法日渐完善，知识图谱的应用范围也越来越大。具体来说，知识图谱主要应用于以下几个领域。

（1）搜索引擎

在搜索引擎领域，知识图谱的应用有谷歌知识图谱，该知识图谱可以深度理解用户查询的内容，并迅速将准确的搜索结果及其相关信息显示在搜索页面当中，进而达到提高搜索效率和优化用户体验的效果。

（2）智能推荐

在智能推荐领域，知识图谱主要应用在电商平台和媒体内容推荐系统当中，可以分析用户兴趣和行为数据，并根据分析结果进行个性化推荐。以知识图谱在亚马逊和 Netflix 等平台的应用为例，知识图谱可以分析用户的购买历史、观看记录等信息，并据此推荐符合用户的兴趣和需求的商品或视频内容。

（3）医疗健康

在医疗健康领域，知识图谱可以整合不同来源的知识，如医学文献、药物信息、患者数据等，并帮助医生进行决策，提高临床决策的精准性，同时也可以针对病患生成个性化的治疗方案，还可以实现早期诊断，在疾病诊断、药物发现和个性化治疗方案方面发挥着重要作用。

（4）金融分析

在金融分析领域，知识图谱可以整合不同维度的数据信息，如市场数据、投资者行为、公司财务信息等，并在此基础上实现市场预测、投资决策和风险管理等功能，除此之外，知识图谱还在反欺诈检测方面发挥着重要作用，能够及时识别异常行为和关联关系，找出潜在欺诈风险。

（5）智能问答

在智能问答系统领域，知识图谱可以用于深入理解用户的问题，并精准提取相关信息作答。就目前来看，知识图谱在智能问答系统中的应用主要有 Google Assistant 和 Siri 等，这些应用可以处理多轮对话、上下文关系等具有较高复杂度的查询任务。

第6章 计算机视觉技术

6.1 图像分类

计算机视觉是一门可利用机器代替人眼对目标进行理解、识别、分类、跟踪和重建的技术，具有智能化的特点，能够以智能化手段从图像或多维数据中获取信息，通常可应用于图像处理、模式识别、机器学习和深度学习等多个领域。

图像分类可以按照图像信息所反映的特征对目标进行分类处理。从实际作用原理上来看，图像分类可以利用计算机定量分析图像，对图像或图像中的区域进行分类，并使用摄影机和电脑等机器代替人眼完成对图像信息的判读。

（1）基于色彩特征的索引技术

在图像分类方面，常用的检测模型主要有两种：一种是基于直方图的检测方法，该模型的操作难度低，应用较为广泛，但只能用于比较颜色直方图；另一种是基于机器学习的检测方法，该方法需要训练分类器，如随机森林、SVM 等，并利用分类器来区分各个类别的图像。

（2）基于纹理的图像分类技术

基于纹理的图像分类技术可以利用灰度共生矩阵（grey level co-occurrence matrix，GLCM）、局部二值模式（local binary patterns，LBP）和方向梯度直方图（histogram of oriented gradient，HOG）等纹理特征来描述图像的纹理信息。这些纹理特征中包含纹理的方向、颗粒度、周期性等信息，可以在图像分类和识别过程中发挥重要作用。一般来说，基于纹理的图像分类过程主要包含以下几个环节。

① 特征提取。基于纹理的图像分类可以用 GLCM、LBP 和 HOG 等多种方法实现对图像纹理信息的描述。其中，GLCM 可以利用灰度级之间的空间关系描述灰度纹理特征；LBP 可以利用像素点周围的二进制编码描述局部纹理特征；HOG 可以利用图像梯度方向和梯度强度描述方向纹理特征。

② 特征选择。基于纹理的图像分类可以利用主成分分析（principal component analysis，PCA）、线性判别分析（linear discriminant analysis，LDA）等多种方法实现对图像纹理特征的筛选和选择，以便减少特征维度，增强分类性能。

③ 分类模型。基于纹理的图像分类可以充分发挥 SVM、决策树和 K 近邻算法等分类器的作用，提取出图像的纹理特征，掌握图像类别，并在此基础上展开映射。

（3）基于形状的图像分类技术

基于形状的图像分类技术可以利用图像的边缘特征、轮廓特征、区域特征等形状特征来描述图像形状信息，在医学图像、安防监控和工业检测等多个领域中发挥着十分重要的作用。具体来说，基于形状的图像分类过程主要包含以下几个环节。

① 特征提取。基于形状的图像分类在描述图像形状信息时通常会用到图像的边缘特征、轮廓特征、区域特征等形状特征。其中，边缘特征主要包含图像中的各项边缘信息，例如，Canny 边缘检测算法所标出的图像的实际边缘等信息；轮廓特征主要包含图像中的各项轮廓信息，例如，Hu 不变矩通过计算图像的矩所描述的图像特征等信息；区域特征主要包含图像中的区域信息，例如，Zernike 矩和小波矩所反映的图像全局信息和局域性信息。

② 特征选择。基于形状的图像分类可以利用 PCA、LDA 等方法筛选图像的形状特征，从而减少特征维度，达到进一步提高分类性能的效果。

③ 分类模型。基于形状的图像分类可以利用 SVM、决策树、K 近邻算法等分类器实现对形状特征和图像类别的映射。

（4）基于空间关系的图像分类技术

基于空间关系的图像分类技术可以借助各个图像区域之间的空间关系对图像进行描述和分类，就目前来看，该方法已经被应用到场景分类、图像标注和物体识别等多个领域。具体来说，基于空间关系的图像分类过程主要包含以下几个环节。

① 特征提取。基于空间关系的图像分类可以提取图像的颜色、纹理和形状等区域特征。

② 空间关系建模。基于空间关系的图像分类可以充分发挥关系图模型、基于视觉单词的方法等工具的作用，根据图像特征和各区域之间的空间关系构建相应的模型。

③ 分类模型。基于空间关系的图像分类可以利用 SVM、CNN 等分类器或分类模型实现对图像特征和图像类别的映射。

6.2 目标检测

目标检测指的是通过图像或视频精准识别目标物体的位置和数量，并正确标注目标物体所属类别的任务。与图像分类相比，目标检测的难度较高，但同时也更具实用性，可以实现对目标的追踪、识别和分析，有效增强智能决策能力，提升系统自主性，在无人机、自动驾驶和智能安防等多个领域中发挥着至关重要的作用。

具体来说，当前常用的目标检测模型主要有以下几种。

① Faster R-CNN 中融合了深度神经网络，可以通过将锚点添加到区域提议网络（region proposal network，RPN）当中的方式实现高效率检测，也可以借助 ROI Pooling 层来检测各个大小不一的目标。

② YOLO 是一种基于单阶段目标检测算法的模型，能够将目标检测任务看作回归问题，并在此基础上利用卷积神经网络实现对目标类别和目标位置的

预测。

③ 单阶段多目标检测（single shot multibox detector，SSD）模型可以在各个特征层中应用形状、大小不一的先验框，并在此基础上进一步检测各个尺度的目标。

具体来说，目标检测主要应用于以下几个场景：

- 智能安防：目标检测具备目标追踪和识别功能，可用于监控场景中的目标（如人员、车辆等）。
- 自动驾驶：目标检测可以充分发挥识别功能的作用，精准识别行人、车辆、道路标志和交通信号灯等目标，为车辆实现自动驾驶提供支持。
- 工业制造：目标检测可以检测产品并对产品进行分类，保证生产效率和生产质量。
- 医疗诊断：目标检测可以通过医学图像识别和定位肿瘤等异常，为医疗工作人员诊断和治疗疾病提供帮助。

目标检测包含多项性能指标，如准确率、召回率、F1 得分等，一般来说，可以采用全类平均正确率（mean average precision，mAP）、交并比（intersection over union，IoU）等方式进行评价。从实际应用方面来看，可以从具体应用场景及需求出发，有针对性地为目标检测任务选择合适的模型和算法。

6.3 目标跟踪

目标跟踪可以在视频序列的后续帧中提取已知初始目标的特征，并采用跟踪算法对其进行处理，从而达到实时掌握目标位置和形态等信息的目的。目标跟踪技术可以实现对目标的实时跟踪和识别，以及自动化控制和智能化分析，在视频监控、智能交通和无人驾驶等多个领域中发挥着重要作用。具体来说，当前较为常见的目标跟踪算法主要有以下几种类型。

（1）基于相关滤波的跟踪方法

基于相关滤波的跟踪方法可以利用均值归一化相关滤波（mean normalized correlation，MNC）、峰值信号比相关滤波（peak-to-correlation energy ratio，PCER）等算法计算目标与模板的相关性，并根据计算结果找出目标在当前帧的位置。

（2）基于粒子滤波的跟踪方法

基于粒子滤波的跟踪方法可以充分发挥卡尔曼滤波（Kalman filter，KF）、粒子滤波（particle filter，PF）等算法的作用，先在目标周围生成粒子，再根据目标运用模型对粒子进行预测，然后利用观测信息及时更新粒子权重，最后筛选出权重高的粒子，并利用该粒子表示目标位置。

（3）基于深度学习的跟踪方法

基于深度学习的跟踪方法可以充分利用 CNN、RNN 等算法提取和表示目标特征，并在掌握目标在前一帧的位置和特征信息的情况下预测其在当前帧中的位置。

目标跟踪技术可以实时跟踪和识别目标，且具备自动化控制和智能化分析功能，可以广泛应用在视频监控、智能交通和无人驾驶等多个领域。

6.4 语义分割

语义分割既可以识别图像中的目标，也可以标记出图像中各个像素的语义类别并分配相应的标签，从而进一步提高图像理解的精准度。

语义分割具有精细化的特点，可以实现对图像的像素级分类，主要应用于自动驾驶的道路分割、医学图像的病变分割和地理信息系统的土地分割等场景当中。

一般来说，当前较为常用的语义分割模型主要有全卷积神经网络（fully convolutional network，FCN）、U-Net 卷积神经网络和 DeepLab 系列算法等。其中，FCN 模型的提出时间较早，应用范围较广，可以通过将全连接层转化成卷积层的方式实现端到端的像素级分类；U-Net 卷积神经网络模型中具有相互对称的上采样和下采样路径，可以精准高效地处理低分辨率的输入图像；Deep Lab 模型可以充分发挥空洞卷积、空间金字塔池化等技术的作用，实现对图像语义的高精度分割。

除此之外，PSP Net、DeepLabV3+ 等各类新的语义分割模型层出不穷，但精度和效率相对较低，目前还有较大的优化升级空间。

6.5 实例分割

实例分割融合了目标检测和语义分割，具有分割精度高、可区分不同物体等优势，既可以检测图像中的目标，也可以将图像中的目标精准分割成独立的、像素级别的区域，通常可应用于自动驾驶的行人和车辆分割、医学图像的器官分割以及遥感图像的建筑物分割等场景当中。

就目前来看，常用的实例分割模型主要有 FCIS、Mask R-CNN 等模型。具体来说，FCIS 模型是一种集成了 ROI pooling 和 ROI Reshape 等多种技术的全卷积实例分割模型，可以在控制计算量不变的同时完成目标检测和实例分割任务；Mask R-CNN 模型是一种以 Mask R-CNN 框架为基础且引入了分割头网络的实例分割模型，可以帮助目标检测框架实现实例分割。

除此之外，SOLO 模型等新的实例分割模型也逐渐被应用到各种场景当中，但这些新模型普遍存在精度不高、效率低下等问题。

6.6 影像重建

影像重建指的是根据原始图像生成新的高质量图像或视频。就目前来看，该技术可应用于医学影像学、安全监控和遥感图像等多个领域。

在医学影像学领域，相关工作人员可以利用影像重建技术重建各类医学影像，如 CT、MRI 等，从而为医疗工作者诊断和治疗疾病提供方便；在安全监控领域，相关工作人员可以利用影像重建技术处理监控图像，提高监控图像的清晰度和识别度，以便进一步提升安全监控效果；在遥感图像领域，相关工作人员可以利用影像重建技术来处理遥感图像，提高遥感图像的分辨率和质量，以便优化资源管理和环境监测等工作。

影像重建技术主要采用了三种图像处理方法，每种方法所使用的模型都需要利用大量数据进行数据学习，并在此基础上重构图像。具体来说，一种是基于插值的方法，这种方法的难度较低，可以通过对原始图像进行插值操作的方式提高图像分辨率；另一种是基于统计建模的方法，这种方法可以利用主成分分析（principal components analysis，PCA）、独立成分分析（independent component analysis，ICA）等算法对样本进行统计建模处理，并据此实现对图像的重建；还有一种是基于深度学习的方法，这种方法具有一定的先进性，通常会用到 CNN 和生成对抗网络等神经网络。

近年来，已经有多个领域的许多研究者认识到计算机视觉的重要性，并对其展开深入研究。未来，计算机视觉将进一步发展，并在人工智能行业发展的过程中发挥重要作用。

AI+

第 7 章 自然语言处理技术

7.1 自然语言处理技术的演变路径

自然语言处理（natural language processing，NLP）是人工智能的重要研究领域，涉及计算机科学、语言学、认知心理学等学科的理论和知识，是计算机科学、人工智能、语言学的交叉学科。

具体而言，NLP 可用于实现以下功能：

- 数据处理与分析：借助 NLP 可从大量数据中快速找到有用的信息，对数据实施结构化分析。
- 智能交互：在 NLP 的帮助下，机器得以理解人类语言，并同样用人类语言的方式给予回复，实现人机智能交互。
- 多语言支持：NLP 可用于实现不同语言的互通，这对国际交流合作具有重要意义。
- 情感洞察：NLP 能够从人类的语言中体会和洞察其内心情感。

NLP 的发展时间轴如图 7-1 所示。下面将具体介绍 NLP 发展的各个阶段。

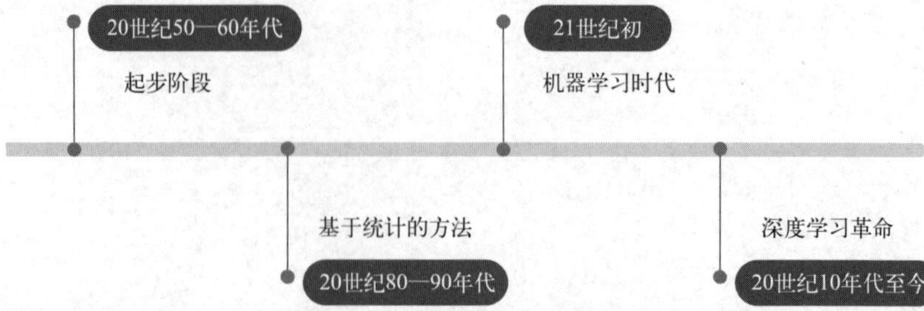

图 7-1　NLP 技术的演变路径

(1) 起步阶段（20 世纪 50—60 年代）

在早期发展阶段，NLP 的主要研究方向为规则和语法分析，研究者们寻求制定一种确定的语法规则，编纂出一部信息量充足的词典，以此为凭借理解和生成语言。

1950 年，被称为“人工智能之父”的英国科学家艾伦 · 麦席森 · 图灵（Alan Mathison Turing）发表论文《计算机器与智能》，提出一种用于判断机器是否具备人类智能的测试，此即大名鼎鼎的图灵测试。图灵测试的提出是人工智能发展史上的重要事件。1957 年，美国语言学家艾弗拉姆 · 诺姆 · 乔姆斯基（Avram Noam Chomsky）出版著作《句法结构》，标志着生成语法理论的诞生，该理论在自然语言处理和人工智能领域影响极大。

(2) 基于统计的方法（20 世纪 80—90 年代）

计算机技术的进步使得人类能够掌握的计算能力不断增强，同时数据资源也在持续积累，在此背景下 NLP 的研究方向发生了转变，开始关注基于统计的方法。在该阶段，围绕统计机器翻译（statistical machine translation，SMT）和隐马尔可夫模型（hidden Markov model，HMM）等方法和模型出现了新的研究成果。1990 年后，NLP 的模型训练方法得到优化，大规模语料库成为重要的训练工具，使语言模型得以具备更高的精度，同时在实用性上有更好的表现。

(3) 机器学习时代（21 世纪初）

进入 21 世纪后，机器学习开始在 NLP 中扮演重要角色，其中以支持向量机（support vector machine，SVM）和最大熵模型（maximum entropy model，MaxEnt）为代表。在此阶段，在词嵌入（word embeddings）等技术的作用下，计算机对于词语间语义关系的理解能力得到了增强。

（4）深度学习革命（21 世纪 10 年代至今）

深度学习的出现和崛起对于 NLP 而言意义重大，引起了 NLP 领域的深度学习革命，卷积神经网络（convolutional neural network，CNN）、循环神经网络（recurrent neural Network，RNN）等深度学习模型在 NLP 中发挥关键作用。近些年，使用变压器（Transformer）架构的深度学习模型在处理 NLP 任务时表现突出，具备更强的语言理解能力和生成能力，此类模型中较为常见的有 BERT、GPT 等。另外，预训练模型和迁移学习增强了 NLP 模型的通用性和适应能力，使其得以更好地应对各种类型的任务。

以上简要介绍了自然语言处理的发展历程。总的来说，NLP 的演变可分为基于规则、基于统计、机器学习、深度学习几个阶段，在这个过程中计算机理解语言的能力不断增强。

7.2 自然语言处理技术基础与工具

自然语言处理（NLP）的技术基础由核心技术及方法、工具及框架两部分组成，前者包括词向量、神经网络、深度学习，后者则有 NLTK、spaCy、Transformers 等多个种类，下面将对此作具体介绍。

（1）NLP 的核心技术与方法

NLP 的关键技术主要包括以下几项。

① 词向量（word embedding）。词向量是 NLP 中的一种表示技术，将词语用向量的形式呈现出来，并将其映射到向量空间中，语义相近的词语在向量空间中也分别处于彼此相近的位置，以便于计算机理解词语间关系。

② 神经网络（neural network）。神经网络是一种机器学习算法，是对人脑神经系统结构的模拟。神经网络中包含数量极多的节点，其基本结构分为输入层、隐藏层、输出层三部分，可用于处理分类、模式识别等任务。

③ 深度学习（deep learning）。深度学习是机器学习的一种方法，其特点在于对深层神经网络模型的运用，可处理复杂程度较高的模式识别任务，能够起到强化 NLP 性能的效果。

针对神经网络，下面介绍几种常用技术或架构的应用场景：

- 卷积神经网络（CNN）：早期的主要应用领域为图像处理，而后其应用场景逐渐得到拓展，包括面部识别、自动驾驶、文本分类等。

- 递归神经网络（RNN）：RNN 具备捕捉序列信息的能力，可掌握不同信息之间的依赖关系，由此实现各种应用，比如基于两种语言之间的依赖关系可实现机器翻译，其他应用场景还包括问答系统、文本分类等。
- 变压器（Transformer）：作为一种新型神经网络架构，变压器使用的是注意力机制。RNN 的并行能力相对有限，同时在面对长距离依赖关系时表现并不突出，变压器则在 RNN 的基础上取得了突破，在处理多项 NLP 任务时展现出极强的能力。

（2）主要的 NLP 工具和框架

① NLTK。NLTK 全称 natural language toolkit，即自然语言处理工具包，为专用于 NLP 文本处理任务的 Python 库，具体功能有文本分析、语义分析、词性标注等。NLTK 可以作为一项很好的教育和学习工具，其教程和示例代码非常全面，能够帮助 NLP 初学者快速便捷地掌握基础知识。

② spaCy。spaCy 为高级自然语言处理库，具有开源的性质，主要应用场景为生产软件开发。spaCy 的功能有分词、命名实体识别、句法解析、集成词向量等。spaCy 的优势体现在速度和易用性上，同时其使用的预训练模型非常强大，能够更好地满足性能方面的要求。

③ Transformers。Transformers 用于变压器（Transformer）模型的预训练，包括 BERT、GPT 等常用模型。Transformers 的 API（应用程序接口）操作难度低，能够降低多项 NLP 任务的实现难度，包括翻译、文本生成等。Transformers 拥有强大的模型和充足的资源，可用于处理多种类型的任务，同时其优势还在于成熟完备的社区，便于开展沟通交流。

词向量和神经网络都对 NLP 的发展起到了推动作用，深度学习对于 NLP 的影响尤为重大和关键，实现了 NLP 能力的跨越式进步。NLTK 等工具和框架则提升了 NLP 的技术开发效率，增加了技术应用的便捷性。可以预见的是，未来技术的持续发展将继续助力 NLP 取得新进展，促进 NLP 在各个领域的应用。

7.3 自然语言处理技术的关键应用

自然语言处理（NLP）的影响已经逐渐渗透到人类社会的多个方面，为人们的生活带来了积极的改变，展现出极高的实用价值。下面将具体介绍 NLP 的几个应用领域，如图 7-2 所示。

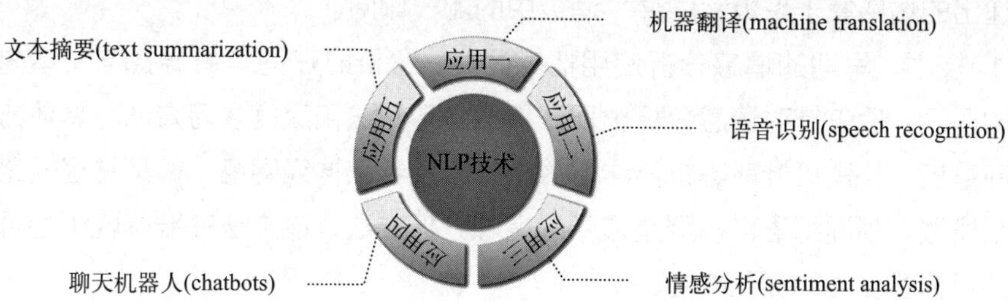

图 7-2 NLP 技术的关键应用

(1) 机器翻译 (machine translation)

机器翻译是指由计算机担当翻译者的角色，完成两种自然语言间的转换，将源语言转为目标语言。

① 技术。对应 NLP 基于规则和基于统计的早期发展阶段，早期的机器翻译也主要分为基于规则和基于统计的两种翻译方法。深度学习兴起后，出现了基于深度学习的神经机器翻译，包括使用变压器模型的翻译工具。

② 应用实例。机器翻译在实际生活中有着较为广泛的应用，谷歌、微软、百度等国内外互联网公司均推出了在线翻译工具，用户输入文本内容即可得到翻译结果，另外许多企业也有文档自动翻译工具。

(2) 语音识别 (speech recognition)

语音识别是将用语音形式表达出的内容转为文字，要求机器理解人说出的话语。

① 技术。早期的语音识别多使用隐马尔可夫模型和高斯混合模型 (Gaussian mixture model，GMM)。深度学习兴起后，卷积神经网络、深度神经网络 (deep neural network，DNN)、长短期记忆网络 (long short-term memory，LSTM) 等被用作新的语音识别方法。而变压器和连接主义时间分类 (connectionist temporal classification，CTC) 的应用则意味着对语音识别方法的又一重要进展，它们都属于深度学习的端到端模型。

② 应用实例。许多移动设备配备有语音助手功能，比如苹果手机的 Siri，许多视频网站、网盘等提供视频的自动识别字幕，另外具备智能化功能的汽车可根据语音指令执行各项操作，这些都是语音识别在现实中的应用范例。

（3）情感分析（sentiment analysis）

情感分析是从文本中提取带有主观性质的信息，包括情绪、意见等，判断文本传递出的情感属于积极、中性、消极中的哪一倾向。

① 技术。早期的情感分析使用情感词典，分析时在词典中寻找与文本内容相对应的词汇。后来针对情感分析出现了机器学习方法和深度学习方法，具体方法有支持向量机、朴素贝叶斯等机器学习算法，以及卷积神经网络、循环神经网络等神经网络模型。预训练语言模型是最新的情感分析方法，该方法在准确性上显现出优势，并且具备更强的泛化能力。

② 应用实例。在实际应用方面，情感分析可用于分析社交媒体和客户评论。通过分析用户在社交媒体平台上发布的言论，企业可以掌握公众对自己品牌和产品的看法和倾向，把握当前的市场情绪，据此制定后续的经营策略。通过分析用户对特定产品的评论，企业可了解客户群体对该产品持有的情感态度，为产品调整优化提供依据。

（4）聊天机器人（chatbots）

聊天机器人是一种智能会话系统，可以使用自然语言与人类交谈。

① 技术。早期的聊天机器人根据预设的规则和脚本同人类展开对话，后来聊天机器人开始使用检索方法和生成方法。检索方法需预先建立一个响应库，对话过程中机器人根据人类的问题从库中检索匹配度最高的回答。生成方法则是基于神经网络实时生成机器人的回应信息。

② 应用实例。聊天机器人在现实中有着广泛的应用，比如商业领域的智能客服能够快速回应用户提出的问题，医疗领域的咨询机器人可向患者给出医疗建议，另外许多高校引入了智能辅导员，从学习、生活、心理健康等方面为学生提供全面服务。

（5）文本摘要（text summarization）

文本摘要是将篇幅较长的文本用简练的摘要形式表达出来，保留原文关键信息，显著提升信息获取效率。

① 技术。文本摘要有抽取式摘要和生成式摘要两类，抽取式摘要是直接从原文中截取部分内容构成摘要，生成式摘要则是基于对原文的理解进行归纳总结，由此得到文本摘要。

在两类摘要中，生成式摘要的实用性更强，使用频率也更高。借助深度学习模型可提升生成式摘要的整体质量，使摘要的语言逻辑更为顺畅，并且在篇幅不变的前提下扩展摘要的信息量，更加充分地体现原文信息。

② 应用实例。文本摘要是现实中十分常见的应用场景，新闻报道、科研文献等篇幅较长且条理性较强的文本都有撰写摘要的需求，高质量的文本摘要能够帮助人们节约大量时间，有效地提升工作效率。

以上介绍了 NLP 的五个关键应用领域，这些应用场景都与人们的工作和日常生活密切相关。随着 NLP 技术和应用的不断推进，人们将在生活中享受到更多由 NLP 带来的便利，整体的生活体验将得到显著提升。

7.4 自然语言处理技术的行业实践

在医疗、金融、客户服务等多个领域，自然语言处理（NLP）展现出广阔的应用前景，可借助自动化、智能化手段提供更加优质的服务，满足用户的各类实际需求。下面将通过具体的行业应用案例呈现 NLP 的实际应用价值，如图 7-3 所示。

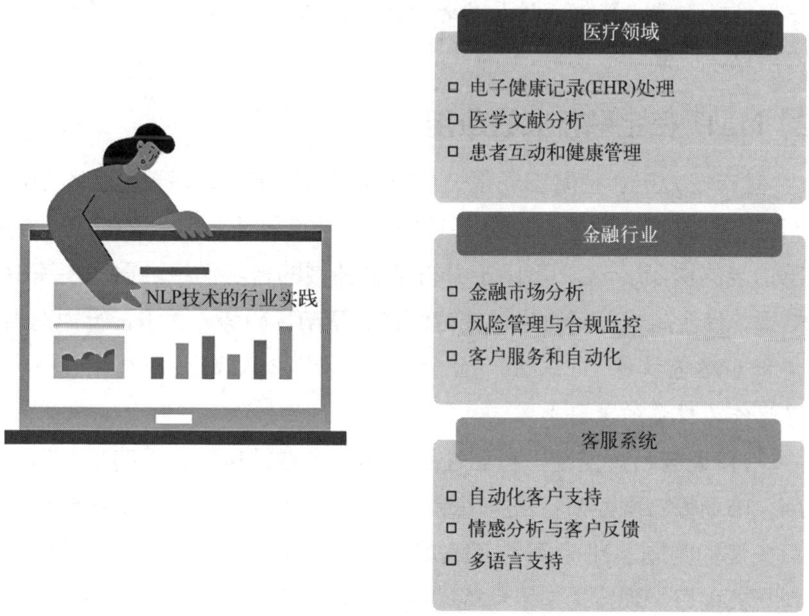

图 7-3 NLP 技术的行业实践

（1）NLP 在医疗领域的应用

① 电子健康记录（EHR）处理。电子健康记录包括患者基本信息、疾病信

息、治疗记录等，数据量大，且许多数据具有非结构化的特性，如何有效利用电子健康记录是临床决策中的关键问题。NLP 可从大量 EHR 数据中提取对于临床决策而言有价值的信息，为决策提供充足的数据支持，有助于实现高效精准决策。

美国的梅奥诊所将 NLP 用于患者数据的分析提取，从而在短时间内找到了符合临床试验要求的患者，使临床试验的进展速度得到显著提升。

② 医学文献分析。如何从浩如烟海的医学文献中迅速找到自己需要的资料，是医学研究人员需要面对的问题，对此 NLP 可提供帮助，通过信息分析和文本摘要快速锁定目标文献，为医学科研工作的开展提供便利。

PubMed、Google Scholar 等学术性平台都已引入 NLP 技术，研究者可在此进行文献的精确检索，同时系统也会根据用户的需求为其推荐文献。

③ 患者互动和健康管理。在治疗过程中，医务人员需要定期与患者进行交流互动，以对患者实施健康管理。运用 NLP 技术的咨询机器人可为患者提供全天候服务，患者可随时与机器人展开交流对话，提出问题和寻求建议，通过有效的健康管理取得更好的治疗效果。

英国数字医疗创业公司 Babylon Health 开发了一款聊天机器人，在 NLP 技术的支持下，这款机器人能够通过与患者的互动得到初步的症状评估结果，并向患者提供医疗建议。

（2）NLP 在金融行业的应用

① 金融市场分析。金融市场是一个充满变化的市场，每天都会不断地产生新的信息，如行业动态、公告、媒体评论等，从业者需根据充足的信息把握市场趋势，做出恰当的决策。NLP 可用于分析金融领域的各类信息数据，快速得到精准的分析结果，使金融机构得以通过关键信息洞察市场趋势，为投资行为提供指导。

彭博社和路透社将 NLP 应用于金融市场分析，通过新闻和社媒动态把握市场情绪，以此作为投资的重要参考。

② 风险管理与合规监控。行业性质决定了金融领域的监管向来非常严格，同时在信用、市场等方面存在着各类风险，因此如何合规经营和规避风险是金融机构需要重点关注的问题。NLP 可结合法规、交易活动等各项信息数据进行实时监测分析，判断机构每一项行为是否合规，并识别可能存在的风险，确保机构的安全合法运行。

摩根大通公司引入合规监控系统，在 NLP 技术的作用下，该系统可基于对现行法律文本的分析理解、监测机构活动，确保机构的各项行为不违反法律规定。

③ 客户服务和自动化。金融机构需要为数量庞大的客户群体提供服务，使用

人工客服会产生极高的成本，同时也无法保证服务的质量和时效性。使用 NLP 的聊天机器人可自动处理客户咨询、账户查询等各项金融服务请求，使用户得以享受到更加高效便捷的服务，同时帮助金融机构节省大量人力成本。

美国银行运用 NLP 技术开发出虚拟助理 Erica，可向客户提供多项服务，包括回应账户信息查询请求、发送交易提醒信息等，有助于提高客户满意度。

（3）NLP 在客服系统中的应用

① 自动化客户支持。如今有越来越多的客户出于各种需要向企业寻求支持，在这样的条件下人工客服已经无法满足客户的需求，亟须引入自动化客服。运用 NLP 的聊天机器人可承担智能客服的角色，理解客户提出的问题并给出回应。聊天机器人能够在短时间内处理大量客户的请求，提升企业服务质量和客户体验。

“阿里小蜜”是阿里巴巴开发的虚拟助理，在 NLP 的支持下，可快速解答淘宝用户在购物过程中遇到的种种问题。

② 情感分析与客户反馈。客户通过反馈信息表达自己的真实想法和情感倾向，企业应当重视客户反馈，根据反馈确定下一步的经营方向和策略。在 NLP 情感分析的支持下，企业得以准确把握客户反馈中传递出的情感态度，了解品牌和产品的市场声誉和客户满意度，据此推进品牌建设和产品优化。

Zendesk 是美国一家从事客户服务平台开发的公司，其产品可运用 NLP 技术进行情感分析，从对话中理解客户，为企业后续经营和服务提供重要参考。

③ 多语言支持。在全球化的背景下，许多企业都会在多个国家开展业务，需面对使用多种语言的客户，由此产生多语言客户支持的需求。NLP 的机器翻译可高效完成各种语言之间的转换，帮助企业实现多语言服务，满足各地客户的需求，提升企业服务质量。

Facebook 客服系统支持多语言服务，利用 NLP 的机器翻译理解用各种语言提出的问题，使来自各个国家的客户都能得到需要的答复。

综上所述，NLP 可应用于多个行业，满足一个行业中多个场景的需求，展现出广泛的应用范围和极高的应用价值，能对行业的整体发展起到促进作用，而未来 NLP 技术的演进将继续扩大其对各行业的积极影响。

3

第 3 篇

AI大模型

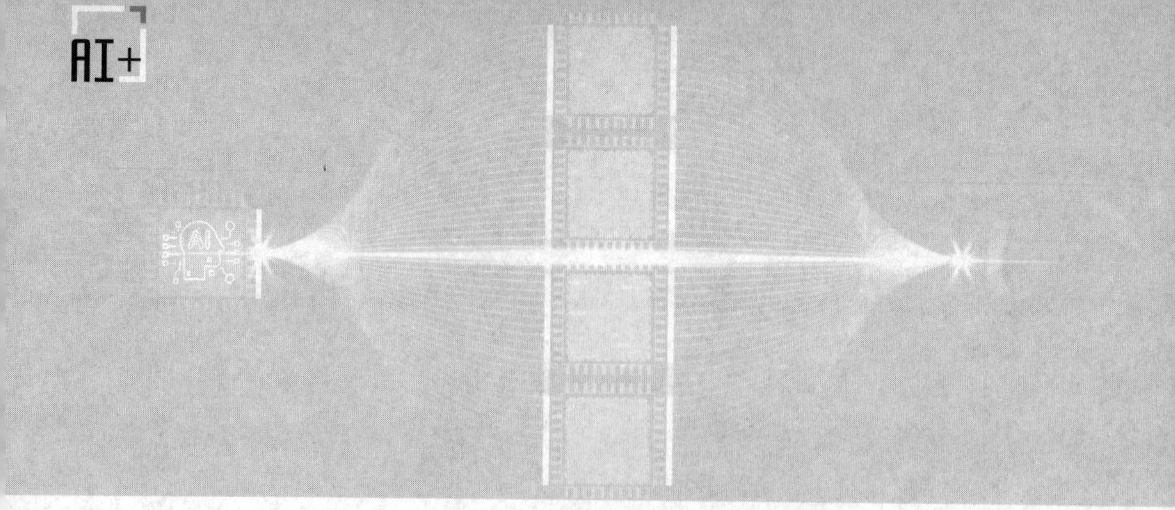

第 8 章 AI 大模型：开启智能时代新引擎

8.1 AI 大模型的发展历程

大模型是人工智能的重要组成部分，既可以重塑人们对技术的认知，也可以促进各行各业变革。但大模型相关技术目前还存在许多不足之处，且无法避免各种风险和挑战。因此，为了有效利用大模型，需要深入分析其技术、特点、发展情况和面临的挑战。

大模型可以在多个领域中发挥作用，以生成式预训练（generative pre-trained transformer，GPT）系列为例，该模型可应用在自然语言处理（natural language processing，NLP）领域当中，刷新各个语言处理任务的性能标准。除此之外，大模型还具备图像处理、音频处理和生理信号处理等功能，可以广泛应用在教育、医疗、金融等多个领域，尤其是在内容生成方面发挥着十分重要的作用。

就目前来看，大模型的许多前沿技术还存在较大的发展空间，大模型的应用也可能带来偏见和隐私泄露等问题。为了更好地应用大模型，还需对其进行深入分析，进一步研究其前沿问题和未来发展方向，鼓励大众积极了解大模型技术及其发展情况，紧跟人工智能发展的步伐。

2022 年 11 月 30 日，OpenAI 上线 ChatGPT，这是一款智能化的聊天生成预训练转换器，具有强大的语言表达能力和问题处理能力，以及庞大的数据库，既能回答问题，也能够创作文章、编程、模仿人类对话风格，上线后迅速在社交媒体走红，引发各界关注，仅用短短 5 天，注册用户数就突破百万，成为用户增长速度最快的消费级应用程序，同时各行各业也加大了对大模型的研究力度。

大模型的演变路径如图 8-1 所示。在大模型研究初期，逻辑推理和专家系统是研究的重点。自然语言具有极高的多样性和复杂性，需要处理大量的文本数据和复杂的语言规则，但这一阶段采用的编程方式为硬编码，虽然其执行速度快、功耗低，但同时也具有兼容性差、难以修改等明显的缺点，无法灵活解决自然语言相关的各项问题。

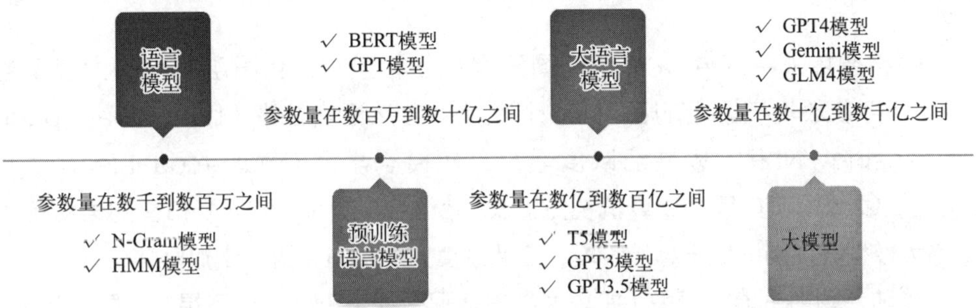

图 8-1　大模型的演变路径

随着应用需求的增长，大模型的技术路径也经历了重大变革。近年来，机器学习、深度学习等技术飞速发展，硬件能力不断提高，更加先进的技术和硬件为大规模数据集的应用和复杂神经网络模型的训练提供了强有力的支持，同时也促进了大模型的发展。

谷歌提出的 Transformer 模型首次引入自注意力机制，显著提升了序列建模能力，提高了处理长距离关系时的效率和准确性。近年来，预训练语言模型（pre-trained language model，PLM）的应用日渐广泛，PLM 可以在大规模文本数据集中进行预训练，探索语言的通用模式，在处理特定任务时，可以通过适当的微调来保证与下游任务之间的适配性。

OpenAI 的 GPT 系列模型是典型的生成式预训练模型。GPT 系列从 GPT-1 到 GPT-3 逐步扩大模型规模，GPT-3.5 进一步优化了对话能力，最终发展为 GPT-4。2022 年 11 月 30 日，ChatGPT 以聊天机器人的形式正式上线，凭借强大的回答能力刷新了人们对大语言模型通用能力的认知，同时也推动了 NLP 领域的快速发展。

除文本外，大模型还可以融合多种先进技术，形成多模态大模型，进一步增强理解能力，同时理解和生成不同类型的数据，如文本、图像、音频等。2023 年 3 月 15 日，OpenAI 正式推出 GPT-4，GPT-4 具备图像功能和精度更高的语言理解能力，大模型实现了由单一模态向多模态的升级。多模态大模型可以处理跨模态数据，但同时也要在设计和训练等方面达到更高、更复杂的要求。从 ChatGPT 的突破性对话能力，到 GPT-4 的多模态升级，标志着大模型在通用性和复杂性上的跨越式发展。

8.2 AI 大模型的产业图谱

中移智库《中国 AI 大模型地图研究报告》显示，我国所发布的大模型当中，10 亿参数规模以上的已有 79 个，其中自然语言处理（natural language processing，NLP）领域活跃度最高，多模态学习（multi-modal learning，MML）领域紧随其后。计算机视觉（computer vision，CV）和智能语音等领域的大模型开发则尚处于起步阶段，在活跃度方面仍有待进一步提升。

当前，国内主流大模型（如华为盘古、阿里通义千问、讯飞星火、智源悟道、百度文心一言）已形成多模态能力矩阵，在语言理解、逻辑推理等核心指标上已接近 GPT-3.5 水平。但受训练数据质量、算法创新等因素的影响，其在复杂场景下的决策能力仍然与 GPT-4 存在一定差距。

（1）产业链全景

AI 大模型是基于深度神经网络的复杂机器学习系统，通过技术底座、核心能力、行业应用的架构，构建起覆盖基础研究、技术创新与产业落地的完整生态体系。其核心在于通过百亿级参数规模的模型训练实现跨领域任务的迁移能力，推动人工智能从专用向通用方向演进。

2023 年以来，以 DeepSeek-R1、ChatGPT-4、文心一言 4.0 等为代表的技术突破，推动产业进入“模型即服务”（MaaS）时代。AI 大模型产业链包括基础层、技术层、模型层和应用层四个部分。

① 基础层。提供底层支撑，包括算力基础设施（如 GPU 集群、云计算资源）、数据资源（如通用语料库、行业数据集）和算法框架（如 PyTorch、

TensorFlow）。

② 技术层。聚焦核心技术研发，涵盖分布式训练、模型压缩、多模态融合等关键技术。例如，微软亚洲研究院提出的“产业基础模型”通过生成式表数据学习（GTL）框架，将行业数据智能融入大模型。

③ 模型层。作为产业核心环节，分为通用大模型（如 GPT-4、文心一言）和行业大模型（如医疗领域的“生物医药大模型”、政务领域的 “蜜巢大模型”）。

④ 应用层。落地场景覆盖金融、医疗、工业等领域。例如，生物医药大模型可辅助药物研发；金融大模型可分析信用卡交易数据，提升欺诈识别准确率；智能制造大模型可提升工艺缺陷检测效率、降低质检成本。

AI 大模型正从“技术验证”迈向“产业赋能”的关键阶段。四层产业链的协同演进，不仅能够重构传统 IT 产业的价值分配，更将开启“智能即服务”的新经济形态。随着算力成本持续下降、行业数据加速流通，大模型将成为数字经济时代的“通用技术基座”，推动千行百业实现“效率革命”与“模式创新”的双重跃迁。

（2）技术演进路径

“大模型”作为一种颠覆性、超越性的人工智能技术革新，已经开始渗透到社会发展的多个领域，赋能多方主体推进所在领域的智能化、高端化转型，在未来有着无限宽广的应用空间。

对于垂直行业而言，大模型带来的是从生产方式到生产工具再到生产要素的全方位变革，同时在其赋能下行业内的生产关系也不断向前发展。行业应用是大模型未来发展的重要趋势，聚焦多元化需求，提升多场景服务能力，提供专业化、精细化的问题解决方案已经成为大模型商业化落地的重要路径。

① 模型分类体系。模型分类体系及代表如表 8-1 所示。

表 8-1　模型分类体系及代表

分类体系	典型代表
单模态模型	语言大模型（NLP）：百度“文心一言”支持 20 种编程语言理解，日均处理 1.2 亿次搜索请求
	视觉大模型（CV）：商汤绝影平台在交通场景实现车辆识别准确率 99.7%，日均分析 200 亿帧视频
多模态模型	跨模态理解：GPT-4 支持图文混合输入，在 MMLU 基准测试中超越人类专家水平
	多任务处理：字节跳动“豆包”实现文本、语音、图像多轮交互，在教育场景答题准确率达 98.6%

② 能力演进图谱。根据2023年*Nature*提供的AI能力评估报告，AI大模型的能力演进路径如图8-2所示。

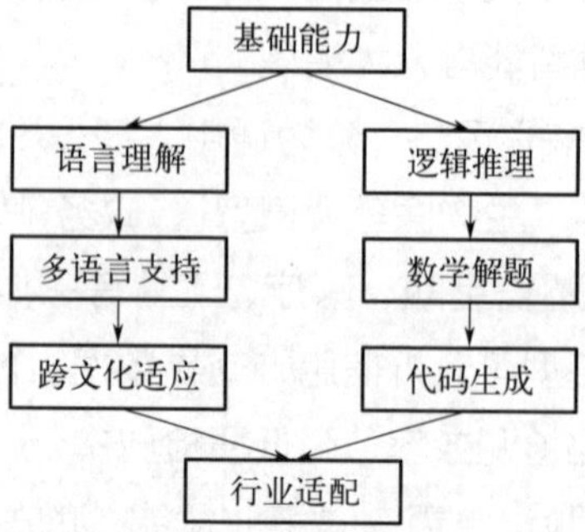

图8-2　AI大模型的能力演进路径

（3）应用场景矩阵

当前，大模型的应用类型包括内容生成、数据分析、智能硬件、智能问答、智能识别和IT支持。生成式人工智能（artificial intelligence generated content，AIGC）在海量文本数据的训练之下，所生成的内容可读性强、与企业业务关联度高、内容丰富且富有创意，高效赋能企业的内容生产，且其生成的内容具有动态可交互性，开辟了新的内容服务模式，在传媒、影视、电商、娱乐等数字化程度高、需求多元化的行业有着较大的应用潜力。这主要是因为这两个应用类型本身与数字化技术结合紧密、业务价值量化程度高且落地路径清晰。

从应用领域看，传统产业赋能领域包括产业知识问答、软件开发、智能工业质检、图文生成；金融领域包括智能保险问答、信用偿贷能力审查、智能投研助理等应用；政务领域包括公文写作与润色、政务问答、市民热线数据分析等应用；医疗领域包括智能医药问答、影像诊疗、生成电子病历等应用；文化旅游领域包括教学质量评估、在线知识库、游览路线智能分析等应用；智慧城市领域包括人群数据收集与分析、城市交通智能规划与管理、空间感知、智能指标等应用。其中，部分高价值场景分布如表8-2所示。

表8-2　AI大模型高价值场景分布示例

应用领域	典型应用案例	技术实现	商业价值
金融	平安GPT智能保险问答	知识图谱+多轮对话	人力成本降低40%
政务	上海12345市民热线分析系统	情感分析+实体抽取	工单处理效率提升35%
制造	海尔视觉质检大模型	小样本学习+缺陷检测	不良品漏检率<0.01%
医疗	腾讯觅影AI辅助诊断系统	医学影像分析+病历理解	早期食管癌检出率提升20%

AI 大模型在金融等领域应用发展较快，主要是因为这些领域内央企、国企占据主导地位，数据基础设施较完善，算力投入规模大，AI 应用经验丰富，同时体系化、制度化程度高，具备自上而下推进大模型应用的意愿与能力。

综上所述，AI 大模型正从技术验证期迈向产业深耕期，通过通用技术与垂直场景的双轮驱动，重构金融、制造、政务等领域的价值创造方式。未来，AI 大模型产业的发展需重点关注模型轻量化、数据治理体系与行业标准建设，推动产业生态可持续发展。

8.3 AI 大模型的技术特性

大模型是具有大量参数的机器学习模型，通常应用于 NLP、计算机视觉（computer vision，CV）和多模态领域，可以通过预训练等方式学习和理解人类语言，实现人机对话、信息检索、机器翻译、文本摘要和代码编写等诸多功能，灵活处理各项内容生成类任务。

（1）大模型的参数量

一般来说，大模型的参数量在 10 亿以上，也就是说，模型内部的可学习权重超过 10 亿，大模型可以利用这些参数来学习和理解数据，并在训练的过程中不断调整，进一步明确输入与输出之间的映射关系，从而精准高效地输出结果。

参数量是影响模型的学习能力和复杂性的重要因素，当参数量增多时，模型的学习能力随之增强，复杂性上升，可以深入挖掘更细微的数据特征，掌握更多数据特征信息。随着参数量从百亿级向千亿级甚至万亿级扩展，模型的逻辑推理、知识记忆等能力都将显著提升。

（2）大模型的类型

从功能和应用领域上来看，大模型可划分为大语言模型、视觉大模型等几种类型，如表 8-3 所示。

表 8-3　大模型的类型

类型	功能和应用领域
大语言模型	具备处理和理解自然语言文本的能力，可以应用到文本生成、情感分析、问答系统等多个领域当中，用于处理各项任务

续表

类型	功能和应用领域
视觉大模型	具备处理和理解图像、视频等视觉信息的能力，可以应用到视觉领域当中，处理图像识别、视觉分析和图像生成等任务
多模态大模型	具备同时理解文本、图像、音频等多种类型的输入数据的能力，并通过跨模态对齐实现统一语义空间表示，支持图文检索、视频理解等复杂任务
基础大模型	基础大模型（如 GPT-3、BERT）通过大规模通用数据预训练，形成跨领域迁移能力，可通过微调适配具体任务

（3）大模型的能力

大模型能够理解和处理复杂度较高的数据，从能力的角度来看，大模型主要具备以下几项能力，如图 8-3 所示。

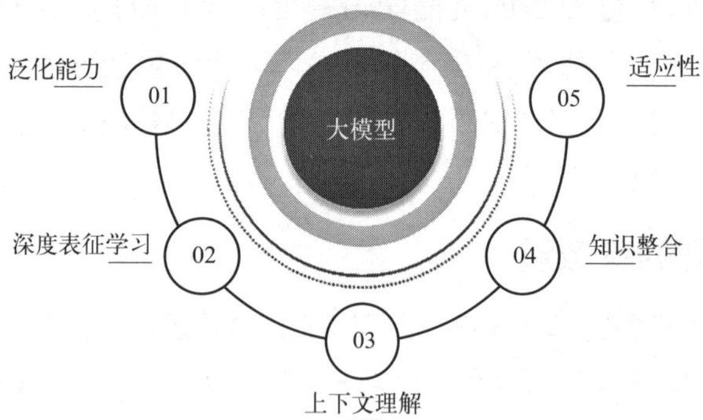

图 8-3　大模型的能力

① 泛化能力。泛化能力即通过通用预训练掌握跨领域知识的能力。大模型可使用大量数据进行预训练，并通过预训练掌握语言的普适性规律，增强泛化能力，灵活应对各类新任务。

② 深度表征学习。大模型具备深层次的网络结构，且拥有大量参数，可以在此基础上实现复杂的抽象表示，深入理解数据中蕴含的语义和关系。

③ 上下文理解。大模型可以掌握语言模型中的长距离依赖关系，并据此深入理解上下文，在语言理解过程中充分把握各处的细微差别。

④ 知识整合。大模型可以整合和利用在预训练中学习到的各项内容，并掌握一定的常识推理能力，提升问题解决能力。

⑤ 适应性。适应性即通过微调快速适配特定任务的能力。大模型不仅可以通过预训练掌握各项通用知识，还可以借助微调来提高自身的灵活性和适应能力，从而灵活处理各项特定任务。

8.4 AI 大模型的核心技术

就目前来看，大模型融合了机器学习算法，具备处理各类数据的能力，可以利用各项基础技术理解和生成多种类型的信息，灵活处理多种任务，如图像描述、视觉问答、跨模态翻译等。具体来说，大模型主要有以下几项关键基础技术。

（1）Transformer 架构

现阶段，大模型大多以 Transformer 模型为基础，可以利用自注意力机制获取输入数据的全局依赖关系，也可以掌握不同模态元素之间的复杂关系。具体来说，多模态 Transformer 可以同时处理不同类型的信息，如图像和文本，并借助自注意力层（self-attention layer）学习这些信息之间的关联，进而促使大模型具备理解不同模态的能力，让大模型可以生成长文本序列，确保上下文之间互相连贯。

（2）有监督微调

有监督微调（supervised fine-tuning，SFT）是大模型的微调方法，可以利用带标签的数据集对经过预训练的大模型进行训练。在大模型训练过程中，SFT 环节通常使用高质量的数据集，且 SFT 可以通过调整模型参数的方式提升其在特定任务中的表现效果。

以大模型在法律咨询方面的应用为例，使用包含法律问题和专业律师回答的数据集进行 SFT 可以有效提升模型的实际表现效果。SFT 可以与损失函数协同作用，在最大限度上缩小模型的预测输出与真实标签之间的差距，从而让模型快速适应新任务，但同时这种方式也存在一些不足之处，如对高质量标注数据依赖性强、模型在训练数据上过拟合的可能性大等。

（3）人类反馈强化学习

人类反馈强化学习（reinforcement learning from human feedback，RLHF）是一种融合了监督学习和强化学习元素的训练方法，具有一定的复杂度，可以帮助模型学习一些复杂行为，尤其是在任务难以用简单的标签定义时；与此同时，RLHF 也可以在一定程度上提升模型适应人类偏好及价值观的能力。

从实际作用过程上来看，首先，按照 SFT 的步骤在大量未标记的文本上对模型进行预训练；其次，安排人类评估者与模型互动，或评估模型的输出，反馈模型实际表现的相关信息，并利用这些反馈信息对奖励模型进行训练，打造出一个具备分数预测功能的模型，用来预测人类评价者的打分；最后，使用奖励模型作为奖励信号，并利用强化学习的方式优化原始模型参数。在 RLHF 发挥作用的过程中，模型将会在最大限度上提升预期奖励。

（4）自注意力机制

自注意力机制是 Transformer 架构的核心组件，可以为模型赋能，增强模型在输入序列中的注意力计算能力，充分把握序列中各个位置之间的依赖关系，尤其是长距离依赖关系，以便对序列内部信息进行全局性建模，进一步提高模型理解和处理复杂序列数据的能力。

（5）多头注意力

多头注意力机制是 Transformer 架构的一种变体，可以将注意力分散到多个头部，让模型可以同时获取不同语义层次的信息，在不同的子空间中并行学习不同的特征表示，进而实现更高效率的学习和更准确的表达。

（6）残差连接与层归一化

残差连接与层归一化是深度神经网络架构中的双重稳定机制。其中，残差连接可以保证信息跨层次传递的有效性，在一定程度上防止出现梯度消失、梯度爆炸等问题；层归一化可以降低参数初始化的敏感度，减少模型收敛所需迭代次数，进而提高模型训练收敛速度，增强模型的稳定性和泛化能力。

（7）优化与正则化技术

优化与正则化技术在 AI 大模型训练中发挥着重要作用，可以有效增强模型性能，提高模型的泛化能力。具体来说，动量法、自适应学习率优化器、随机梯度下降（stochastic gradient descent，SGD）等优化算法可以有效提高模型的收敛速度和稳定性；L1 正则化、L2 正则化、Dropout 等正则化技术可以有效规避模型过拟合风险。

第 9 章 AI 大模型总体架构与构建路径

9.1 AI 大模型应用的总体框架

上文对 AI 大模型产业图谱进行介绍时提到，AI 大模型产业链包括基础层、技术层、模型层和应用层四个部分。接下来，从 AI 大模型应用维度的各个层级进行详细分析，如图 9-1 所示。

（1）基础层

基础层主要包括数据和算力，二者共同构成了 AI 大模型的“双轮驱动”。

① 数据层。通常情况下，大模型的数据层由垂类知识库、动态数据集、第三方数据集三类数据组成，如表 9-1 所示。数据是支撑大模型训练的必备资源，其规模和质量将影响模型的性能，决定模型的实际效果，因此数据层是 AI 大模型架构中十分重要的组成部分。数据层负责对训练数据实施各项操作，包括脱敏、清洗等，同时构建数据平台，制定统一的数据标准。

② 算力层。AI 大模型计算量大，涉及多项参数，对于算力有着较高的要求。因此，AI 大模型架构的计算能力层通常包含多种高性能设备，如图形处理器（GPU）、现场可编程门阵列（FPGA）、云计算资源、神经网络芯片等。

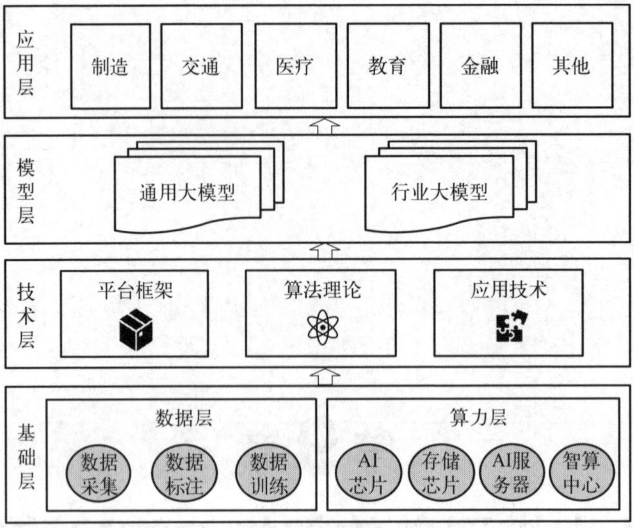

图 9-1 AI 大模型总体架构

表 9-1 大模型数据层的组成

组成部分	主要内容
垂类知识库	包含特定领域的知识和信息，具有显著的专业性特征，使用垂类数据库开展训练，大模型得以适应目标领域的使用需求，成为特定领域的专用工具
动态数据集	其中的数据根据现实动态持续更新，确保模型能够获取到最新的信息数据，使模型不断得到完善
第三方数据集	能够为模型提供多个来源的数据用于训练，由此，模型将具备更强的泛化能力。针对多源数据，第三方数据集负责执行各项维护操作，妥善处理数据中的敏感信息，清除掉错误信息和重复信息，得到安全可靠的数据。另外，第三方数据集还会制定明确的数据标准，并对数据进行评测，据此开展模型的优化

GPU 及 FPGA 的优势在于并行计算，能够提升大模型的训练效率，增强模型的推理能力。云计算资源具备较强的灵活性，可适应模型的各种需求。神经网络芯片能够起到改进 AI 计算的效果，使计算变得更加高效，同时降低计算过程中的能耗。

目前大模型计算相关设备的开发已取得了可观的成果，以 GPU 为例，NVIDIA 推出的 A100 GPU 在计算能力和显存方面达到了很高的水平，可用于大规模大模型的训练。除了硬件设备之外，训练方法和技术对于提升计算能力也很关键，分布式训练方法可借助多设备训练实施并行计算，促进训练效率的提升。

（2）技术层

技术层主要包括平台框架、算法理论和应用技术，是 AI 大模型算法创新的

“效率工坊”。

① 平台框架。框架层中的框架具有专用性，与特定的 AI 大模型相对应，常用的大模型框架有 TensorFlow、PyTorch 等。框架的作用在于协助执行模型的训练任务，以取得更好的训练效果。举例来说，框架中有自动微分功能，借助此功能可在短时间内得到模型梯度的计算结果，将此作为模型训练的参考数据。借助框架的分布式训练功能可同时在多台设备开展模型训练，使训练变得更加高效。此外，框架中还包含各类工具和库，如版本控制、部署服务等，可参与模型的开发和优化工作。

② 算法理论。对于 AI 大模型而言，深度学习算法是非常关键的核心算法，能够协助模型分析数据，完成特征的提取。举例来说，作为极具代表性的深度学习算法，卷积神经网络使用卷积操作分析处理图像数据，从中提取图像特征，以对图像作出准确识别。另外，递归神经网络这一深度学习算法拥有较强的处理序列信息的能力，多用于执行自然语言处理任务，包括理解用户的问题和请求，生成用户需要的文本等。

③ 应用技术。感知层由多项感知技术组成，用于处理各种类型的感知对象。针对视觉类信息的感知，有图像识别、视频分析等技术，其依靠的技术基础为计算机视觉（CV）；针对文本类信息的感知，有语言理解、对话系统等技术，其技术基础为自然语言处理（NLP）。在感知技术的支持下，AI 大模型得以完成多种信息的采集和输入，在此基础上应对不同的场景，处理各种类型的任务。

就视觉信息感知而言，图像识别可用于医学影像处理，帮助医生做出更为准确的判断；视频分析则多用于安防领域，从监控视频中识别异常状况，降低突发事件造成的影响。就文本信息感知而言，语言理解可领会用户提出的问题，给出相应的解决方案；对话系统能够与用户进行互动，提供互动性服务。

（3）模型层

模型层是 AI 大模型产业链的核心环节，负责构建具备泛化能力与场景适配性的模型体系，分为通用大模型与行业大模型两大方向。

① 通用大模型。基于千亿级参数，在文本、图像、代码等通用语料上进行预训练，具备跨模态理解与任务泛化能力，支持自然语言生成、逻辑推理、多模态生成等。目前，比较具有代表性的通用大模型有 ChatGPT、文心一言、DeepSeek 等。

作为大语言模型，ChatGPT 使用 Transformer 架构，可根据用户的问题和指令生成文本，与用户开展对话，在面对不同场景时还会适当作出调整。通用大模型的演进方向为不断提升作为智能体（AI agent）的能力，与人类和环境进行更有效的互动，更好地理解问题并做出决策。同样以 ChatGPT 为例，随着 AI agent 能力的持续提升，模型收集信息的能力将得到加强，可通过主动提问得到其需要的信息，应对更加复杂困难的任务，作出更为精准的决策。

② 行业大模型。行业大模型的技术路径为基于通用模型基座，注入行业专有数据（如医疗影像、金融财报、工业传感器数据）进行领域微调，以解决具体的场景化需求。行业大模型具有垂直的性质，呈现为垂直类行业大模型。此类模型在通用大模型的基础上使用特定领域和行业的相关知识开展训练，从而具备更强的专门性和针对性，精准地满足对应领域的使用需求。例如，金融行业的大模型将金融知识、交易数据等用于模型训练，指导金融机构做出恰当的交易决策，实现利益的最大化。

目前，比较具有代表性的行业大模型有用于医疗领域的云知声“山海大模型”、用于金融领域的第四范式“式说”大模型、用于工业领域的华为“盘古大模型”等。

（4）应用层

应用层是 AI 大模型技术与各个实体经济领域深度融合的终端环节，即通过场景化解决方案实现技术价值转化，主要覆盖金融、医疗、工业制造等垂直领域及智能终端、数字内容、公共服务等创新形态。

应用层的发展依赖低代码开发工具链、模型压缩与边缘计算技术支撑，目前已形成 API 调用、解决方案订阅、定制化开发等商业模式，相关市场参与者主要包括互联网巨头、垂直领域厂商及初创企业等。立足于 AI 大模型总体架构视角，应用层通过需求反哺产业链上游，能够倒逼模型层优化、牵引技术层创新、激活基础层升级，进而形成“应用场景验证、技术迭代、价值再创造”的闭环生态，并推动 AI 大模型产业的纵深发展。

9.2 AI 大模型应用的业务模式

随着大模型技术的成熟，其商业化路径也逐渐清晰，目前已经形成了三种典型业务模式：嵌入式 AI 模式、副驾驶模式和智能体模式。这三种模式分别对应功能增强、辅助决策、自主执行三个能力层级，通过不同的人机协作方式重构传统业务流程，如图 9-2 所示。

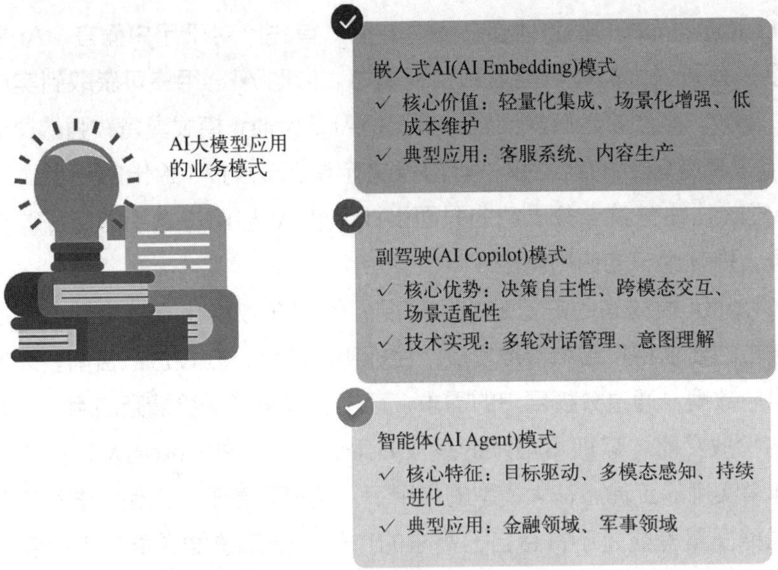

图 9-2　AI 大模型应用的业务模式

（1）嵌入式 AI 模式

嵌入式 AI（AI Embedding）模式将大模型嵌入应用程序，此处的应用程序从整体上看仍然是传统应用程序，只不过个别环节有大模型的参与。举例来说，技术社区 CSDN 嵌入了 GPT 大模型，网站首页的顶部位置有“C 知道”选项，用户点击后将进入 AI 对话页面。

在嵌入式 AI 模式下，大模型的作用体现为助力应用程序的智能化建设，通过智能化功能为用户提供更加优质的服务。该模式的优势在于门槛较低，企业无须更换或大幅调整当前系统即可引入 AI 功能，嵌入完成后也能够很便捷地对 AI 功能进行维护和更新。

嵌入 AI 后，系统得以具备较强的数据分析能力，并在决策过程中起到关键的辅助作用。此外，现实中很多企业将 AI 应用于客户服务，基于大语言模型建立智能客服系统，自动对客户的问题给出准确回答，提升服务效率和客户满意度。

（2）副驾驶模式

在处理业务的过程中，AI 大模型扮演用户助理的角色，类似于汽车驾驶中的副驾驶，通过分析当前的局面和环境协助用户做出决策，执行用户分配的任务，确保业务按照预期完成。比如，微软的 Copilot 是副驾驶（AI Copilot）模式较有代表性的成果，用户可通过 Windows 11 使用该工具，与其展开对话，根据实际需求向其发送指令，由此获取智能辅助服务。

AI Copilot 模式的优势体现在多个方面。首先，对于用户而言，AI 是一个很好的帮手，有着强大的分析能力和预测能力。借助 AI，用户可获取到实用的帮助和建议，高效、高质量地解决问题。其次，AI Copilot 模式具备较强的灵活性，此模式下用户享有较大的自主权，可自行决定是否采纳 AI 给出的建议。此外，AI Copilot 模式往往有着十分出色的界面设计，使 AI 与用户之间的交互得以取得更好的效果，提升用户的使用体验。

AI Copilot 模式有着广泛的应用范围，例如在数字化营销中，AI Copilot 可按照广告主的要求将广告精准地投放给目标用户群体。在投放广告前，大模型会大量收集用户数据，通过分析用户的需求、习惯、兴趣等描绘清晰的用户画像，制定针对性的投放策略，以取得最好的投放效果。从用户的视角出发，AI Copilot 也是一款非常实用的工具，在大模型的作用下，用户可基于个人偏好进行广告推送设置，过滤掉质量差或是不符合自己需求的广告，使系统推送更多用户感兴趣的广告，提升广告使用体验。

AI Copilot 也在运维领域发挥关键作用，依靠大模型的协助，技术人员可迅速完成问题的识别和诊断，采取相应的措施解决问题。此外，有的工作强调创意，比如设计和创作一类的工作，对此 AI Copilot 能够起到启发创作者灵感的作用，基于大量的数据分析给出对创作的指导和建议。

（3）智能体模式

智能体（AI Agent）模式下，大模型成为用户的代理，拥有较高的自主权，相当于受用户委托独立执行各项操作，完成用户所分配的任务。AI Agent 显示出较高的超前性，当前阶段尚未得到广泛应用，不过在军事等领域展现出较高的应用价值：采用 AI Agent 的无人机能够自动完成扫描环境、跟随目标、攻击目标等操作。

大模型 AI Agent 在各类模型的驱动下发挥与人类相当的作用，处理各种任务，做出各项决策。由于操作量较大，AI Agent 需要大规模的训练。AI Agent 拥有处理多源异构数据的能力，可根据上下文信息作出分析，能够与用户进行有效交互，同时 AI Agent 还具备较强的自适应性，能够满足各种场景的使用需求。

基于不同的划分依据，AI Agent 有多种分类方式。例如，AI Agent 的功能和用途主要有任务执行、沟通交互、辅助决策等，对应各项功能，Agent 分为多个种类；再比如，AI Agent 的学习方式有监督学习、无监督学习、强化学习，同样对应 Agent 的不同种类；此外，应用领域也是常用的划分 AI Agent 的方式，其主要的应用领域有金融、医疗、教育等。

9.3 AI 大模型开发的技术架构

AI 大模型开发已形成四大核心技术架构，分别对应不同的应用场景和能力需求。其中，提示词驱动架构实现基础交互功能，Agent+Function Calling 架构支持复杂逻辑编排，RAG 技术架构整合外部知识、增强准确性，Fine-tuning 微调技术架构旨在推动领域专业化。这些架构基于各自的逻辑和技术组合，构建起从通用能力到垂直场景的完整解决方案，具体如图 9-3 所示。

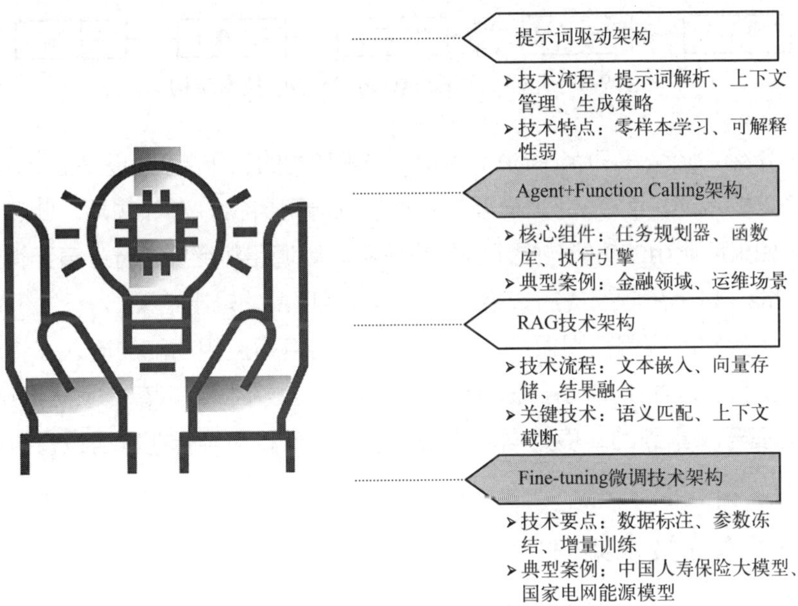

图 9-3 AI 大模型开发的技术架构

（1）提示词驱动架构

在使用 ChatGPT 等大语言模型时，用户需输入提示词即 prompt，而后大模型根据提示词给出相应的结果，这种主要由提示词驱动的大模型应用架构即提示词驱动架构。

此过程实际上是利用 AI 大模型展开对话，大模型使用解码器理解和处理用户提供的提示词，同时参考向量数据，基于概率得到输出结果。提示词驱动架构采用问答形式，其优点在于简单易用，能够很好地满足用户基本的查询需求，比如查找公开数据、寻求购物建议等，用户如日常聊天一般与大模型展开互动，输入自然语言即可得到自己需要的结果。

（2）Agent+Function Calling 架构

此技术架构采用应用程序的形式，而非对话系统。应用程序须有函数 API，大模型借此执行 API 功能的回调操作。架构名称中的 Agent 指代理程序，AI 借此可主动发出指令，展现出较强的自主性。Function Calling 指 AI 按照指令运行的函数，函数 API 功能有多个来源，可能来自应用程序，同时大模型也有自带的 API 功能。简言之，该架构通过智能代理（Agent）+ 函数调用（function calling）实现复杂任务自动化，其技术架构如图 9-4 所示。

图 9-4　Agent + Function Calling 技术架构

下面介绍 Agent + Function Calling 技术架构的工作流程。进入应用程序后，由用户输入提示词，而后 AI 大模型根据提示词调用相应的 API 功能，此过程即函数调用。如果所调用的功能与提示词需求不符，则调用将继续进行，直至得到正确的 API 功能。以上步骤完成后，给出与提示词相匹配的输出结果。

此技术架构的应用范围很广，AI 大模型支持各类应用功能的嵌入，将逻辑拆分成多个部分，以便于实施管理，各部分的调用函数不同。以智能家居系统为例，AI 大模型基于采集到的环境数据调用各部分的函数，指导智能家居设备执行各项操作。

（3）RAG 技术架构

RAG 技术架构由 Embeddings（嵌入）和 Vector Database（向量数据库）两部分组成，可用来应对自然语言处理的相关任务，包括数据信息的检索和生成。

Embeddings 将文本信息以编码向量的形式表示出来，以便于进行计算。文本的形式转换需用到高维向量空间，该空间能够通过向量清晰地呈现文本各部分包括词语间的语义关系，因此将文本信息映射至此能够使模型更好地掌握此种存在于文本中的语义关系，提升模型对自然语言的理解能力。

Vector Database 是向量数据的存储场所，同时支持数据的检索功能。检索过程涉及向量间的匹配，可借助适当的数据结构提升向量间匹配效率。

下面介绍 RAG 技术架构的操作流程。与其他技术架构一样，第一步先由用户输入提示词，而后 AI 大模型在向量数据库中检索与提示词有关的内容，基于检索结果得到与提示词匹配的输出内容。相较于传统模型，RAG 技术架构在数据使用中显现出优势，突破了预训练数据的范围，能够充分利用外部信息，因此其回答更加全面和准确。

外部信息是不断更新的，因此在外部信息的支持下 RAG 架构可提供更具时效性的回答，确保输出结果的准确性。此外，在收集外部信息时，RAG 系统会确认信息来源本身的可靠性，并且检验所得到的信息是否真实无误，保证输出结果的质量。

不过，RAG 技术的应用也面临问题和挑战，由于外部数据比较庞杂，有些时候其数据格式并不是统一的，这就加大了数据处理和使用的难度，而数据的一致性是影响数据质量的关键因素。针对此问题，有效的方法是做好数据的预处理工作，过滤掉无效数据，凭借高质量的数据确保输出结果的准确性。

（4）Fine-tuning 微调技术架构

该架构主要用于开发专业领域的模型，在 Fine-tuning 技术的作用下，模型将具备专业化的能力和功能。

Fine-tuning 技术面向特定领域进一步开展预训练模型的训练，使模型得以满足目标领域的需求，构建具备显著专业性特征的大模型，训练过程需要用到由目标领域相关的数据和知识组成的数据集。

Fine-tuning 技术在强调专业化的领域（比如医学、金融等）有着很高的应用价值，Fine-tuning 技术支持的大模型能够协助用户做出各种专业决策，执行专业领域的各项任务。

9.4 企业 AI 大模型的应用模式

大模型训练是一项高难度任务，需投入大量的资源，包括超级计算机以及 GPU，整个训练周期有时长达数月时间。因此，开展大模型训练的企业一般都有深厚的资金和技术积累，比如百度、OpenAI 等。

大模型训练开始前需进行预训练，数据的采集是一项关键的工作，常见的数据获取途径有开源数据集平台、特定数据集、爬虫工具等。数据收集完成后需对其预处理，完成数据的标记，将数据以整数序列的形式呈现出来，为模型训练做好准备。

此外，大模型训练需设定数量极大的超参数，参数的数量在很大程度上决定模型的性能和效果。超参数种类有训练次数、批次大小、层数等，不同模型用到的超参数会有所差异。目前有多家企业开发出65亿参数的大语言模型，如Meta的LLaMa 65B和深圳元象公司的XVERSE-65B。而ChatGPT3的参数规模则还要更高，达到了1750亿。

大模型的应用主要有以下两种模式。

（1）在现有大模型上建立应用

大模型训练需要投入大量的时间和资源，且训练难度较高。考虑到这一点，很多公司直接采用已经训练完成的大模型，在此基础上开发属于自己的应用。

举例来说，有的公司将大模型引入客户支持系统，大模型可基于数据分析为客户确定最优解决方案，有效解决客户问题，使客户得以享受到高质量的服务。不同企业在预算、业务需求等方面存在差异，需要企业从自身情况出发确定大模型的类型和应用场景。

对于各家公司开发的大模型，企业可采用有效的方法评估其能力，据此做出大模型的选择。举例来说，针对百度、阿里巴巴、OpenAI等公司推出的大模型，企业可使用样本数据开展模型的试运行，如果得到的结果与预期不符，则对模型的设置、参数等做出调整，直至得到大模型的最终方案。另外，大模型的价格也是企业在做出选择时需考虑的因素，如果企业预算有限，可在保证效果的前提下选择定价较低的产品。

（2）将大模型集成到新开发应用中

目前，企业在将大模型集成到应用时所采用的方法主要有以下几种。

① 直接调用大模型API。百度、OpenAI等公司留有大模型API接口，开发者可以很方便地调用这类接口，以获取大模型的相关功能。此方式的优点在于效率高、集成难度低，且成本相对明确。举例来说，开发者通过调用GPT的API可使用其文本生成功能，在具体操作方面需采用Python代码的方式发出请求。

② 部署开源大模型。开发者可通过开源社区获取到开源大模型，将其用于应用的开发。开源大模型的优势在于不会产生太高的成本，同时拥有较强的灵活性，开发者可按照实际需求便捷地调整其结构、参数等。不过，开源大模型的部署对于开发者的知识和技术积累有一定要求，另外，模型训练也需投入较多计算资源。

③ 结合 LangChain。有的场景复杂程度高，这种情况下单凭大模型 API 将面临较高的开发难度，对此可通过引入 LangChain 框架的方式加以解决。LangChain 扮演调度中心的角色，联通组件与大语言模型（large language model，LLM）。举例来说，现准备开发一款具备多轮对话功能的应用，为此需借助特定条件指导对话的进行，此场景所需的组件可通过 LangChain 获取，同时相关操作也相对简单，调用所用到的代码量并不大。

④ 搭建工作流。多家企业都有自己的 AI 应用开发平台，比如字节跳动的扣子平台、腾讯的混元平台等。平台提供现成的组件，由开发者对组件进行定义，包括其输入和输出，而后将定义好的组件拼接成 Agent，并通过各类渠道发布出去。根据 Agent 复杂程度的不同，采用不同的生成方式：简单 Agent 的构建使用自然语言描述即可，相对复杂的 Agent 则需搭建工作流。

第 10 章 AI 大模型应用现状与未来展望

10.1 AI 大模型的发展现状

近年来，深度学习技术不断发展，特别是在 NLP 和 CV 领域，大模型充分发挥其在数据处理和模式识别方面的作用，驱动人工智能领域的各项前沿技术快速发展。

（1）技术层面

从技术层面上来看，大模型的发展和应用主要受算法创新、计算能力提升、云计算平台发展和大规模数据集的影响：

- 算法创新有效推动了 BERT、GPT 系列、T5 等模型的发展，经过预训练和微调后，各个模型在多项 NLP 任务中展现出了优异的性能；
- 计算能力的提升，尤其是图形处理器（graphics processing unit，GPU）和张量处理器（tensor processing unit，TPU）等硬件不断升级，在计算能力方面为模型训练提供了强有力的支持；
- 云计算平台的发展在计算资源方面为大模型训练提供了支持；

- 大规模数据集中包含丰富的语言表达、场景信息、用户交互，既可以为模型训练提供支持，也有助于模型捕捉复杂的数据分布和语言规律。

（2）应用层面

从应用层面上来看，大模型主要向大语言模型和多模态模型的方向发展。

大语言模型既可以处理标准的 NLP 任务，也可用于小样本学习和迁移学习等任务。具体来说，在大语言模型方面，GPT-3 具有庞大的参数规模，参数量高达 1750 亿，具备十分强大的语言理解和生成能力；LLaMA 系列模型具有性能较强、模型较小等特点，是学术界研究的重点，在工业领域也具有较高的热度。

多模态模型具备处理和理解文本、图像、视频等多种类型输入的能力。具体来说，在多模态大模型方面，DALL-E、CLIP 等模型可以理解和生成符合文本描述的图像，也可以根据图像进一步理解文本内容；SimCLR 模型融合了对比学习算法，具备提取图像特征的功能，可应用于 CV 领域；Gemini 既可以在不同模态上进行预训练，也可以处理图像、音频等复杂度较高的输入和输出，是原生多模态领域的重要应用；Sora 可以模拟物理世界和数字世界中的人与环境之间的互动，在输入文本后自动根据文本内容生成相应的视频内容，达到了扩大大模型应用范围的效果。

就目前来看，我国的科技企业正不断加大对大模型的研究力度，百度开发出了"文心一言"，阿里巴巴开发出了"通义千问"，华为开发出了"盘古"，科大讯飞开发出了"讯飞星火"，这些大模型既可以处理各项通用语言理解和生成任务，也可以应用到旅游、教育、医疗等各个垂直领域，为相关工作人员处理各项任务提供方便。例如，在旅游领域，携程推出的"携程问道"可以智能化回复用户提出的各项关于旅游的问题；在教育领域，网易有道推出的"子曰"可以为学生答疑解惑；在医疗领域，京东健康开发的"京医千询"可以为广大用户提供医疗咨询服务。

10.2 AI 大模型的应用领域

大模型具有参数量大、网络结构层次深、预训练能力强等诸多优势，可以在医疗、教育等多个领域中发挥重要作用。

大模型既可以捕捉具有一定复杂度的数据模式，也能够理解和生成自然语言，还可以处理各类复杂的视觉信息和多模态信息，灵活处理各类问题，因此大模型最具有代表性的应用领域包括 NLP 领域、图像生成领域、语音识别领域。

（1）NLP 领域

在 NLP 领域，大模型的应用十分广泛，以 GPT 系列模型为例，这些模型可以生成自然、连贯的文本内容，在自动写作、语言翻译和聊天机器人等多个领域中发挥着重要作用，其中，ChatGPT 就是大众熟知的一款产品。

具体来说，大模型可以广泛应用到金融科技、法律合规、推荐系统、游戏等多个领域。在金融科技领域，大模型可以分析大量金融数据，根据数据分析结果预测市场趋势，为金融机构的投资决策工作提供支持；在法律合规领域，大模型可以处理文档审核、案例研究和合同分析等工作任务，并充分发挥 NLP 技术的作用，进一步理解和分析各项法律文件，为法律工作人员处理工作提供方便；在推荐系统领域，大模型可以分析用户行为数据，根据数据分析结果预测用户兴趣，并有针对性地向用户推荐商品、电影和音乐等内容；在游戏领域，大模型可以充分发挥代码的作用，生成复杂的游戏环境，操控非玩家控制角色（non-player character，NPC）在遵循设定的基础上与玩家互动，提升玩家的游戏体验。

（2）图像生成领域

现阶段，大模型已经具备多模态的理解能力，在图像处理领域，可用于处理图像识别、分类和生成等多种任务，也可以充分利用多模态的理解能力自动生成绘画、视频等图像内容，模仿艺术家的风格创作艺术作品，并借此激发人类的创造力。以 Sora 为例，该模型能够根据用户输入的文本生成符合要求的视频，可以应用在电影制作领域，为电影制作行业的相关工作人员生成所需视频。

大模型可以在学习大量图像数据和文本的基础上实现对图像中各类目标（如人物、物体、场景等）的识别。在医学和生物学领域，多模态的大模型可以处理大量复杂的生物医学数据，从中找出有价值的信息，为医疗领域的相关工作人员诊断病情和研发药物提供帮助，从而在疾病诊断、药物发现和基因编辑等多项工作中发挥重要作用。除此之外，大模型还可用于自动驾驶、视频监控等多个领域。

（3）语音识别领域

在语音识别领域，大模型融合了深度学习技术，可以将语音转换成文本，从而实现实时语音转写和自动字幕生成等功能，在经过大量语音样本学习后，大模型可以灵活处理不同口音和语调的语音信息，同时也具备一定的抗干扰能力，能够抵抗噪声的影响。就目前来看，大模型已经被应用到智能手机的语音助手当中。

大模型在语音识别领域的应用可以在教育、医疗、农业、金融等多个行业发挥作用。以教育行业为例，大模型可支持自动评分、智能辅导和个性化学习等多种应用，针对学生的实际学习情况制定个性化的学习内容和教学方案，帮助学生提高学习效率。大模型具备强大的数据处理能力和学习能力，可以广泛应用到多个领域，未来，各项相关技术进一步发展，大模型也将发挥出更大的作用。

10.3 AI 大模型的应用挑战

大模型在处理能力上具备突出优势，展现出极高的应用价值，是人工智能领域的关注焦点。不过，在大模型发展的过程中也存在种种问题和挑战，这些挑战主要来自以下几个方面，如图 10-1 所示。

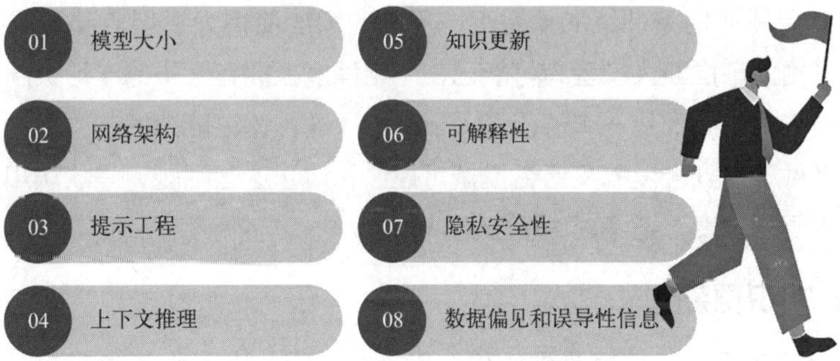

图 10-1 AI 大模型的应用挑战

（1）模型大小

模型的参数量越大，其性能也就越强，不过规模的扩大也会产生更高的计算成本，需要更高质量的数据作为支持。因此，如何在模型大小和数据规模之间寻求恰当平衡是大模型需要解决的问题，研究者尝试在保持原有性能的前提下缩小模型，尽可能减少运行成本，为此采用的技术有数据增强、模型压缩等。

（2）网络架构

当前的绝大多数大模型使用的都是 Transformer 架构，这一架构具有很强的处理序列信息的能力，不过其短板也十分明显：计算效率不高，对于参数的利用不够充分，由此导致计算资源浪费。因此，研究者尝试开发效率和泛化能力更优的新网络架构，具体技术手段有完善注意力机制、运用自适应稀疏表示等。2023 年 12 月问世的 Mamba 是大模型网络架构更新的代表性成果，该架构使用了选择机制，能够起到提升计算效率的效果，突破 Transformer 架构的局限性，其应用前景值得期待。

（3）提示工程

提示学习是应对不平衡数据集的可用工具，可为输入数据添加提示，使得模型在面对少数类时能够展现出更强的性能。不过，提示学习的应用需要先处理几个问题：首先，提示应当具备有效性；同时，提示还需做到适用于各种类型的大模型，即具有足够的鲁棒性。提示工程的工作就是解决上述问题，设计出符合要求的提示。此外，设计完成后将提示应用于大模型时，还需考虑与其他技术的配合，这也是关于提示学习有待探究的关键问题。

（4）上下文推理

在未接受任何相关训练的情况下，尺寸的增加使得大模型自动习得上下文推理的能力，由此可推断大模型有可能已在一定程度上拥有人类的学习机制。大模型上下文推理能力的涌现是一个值得深入研究的课题：这种能力的本质是什么？会在什么样的条件下得到触发？又是否具备可控性？对于这些问题，需从认知科学和神经科学入手寻求答案，增进对大模型的认知。

（5）知识更新

世界上的知识处于持续的更新和迭代之中，因此模型所包含的知识随时可能落伍，成为没有使用价值的无效信息。面对这样的挑战，研究者尝试培养模型的持续学习能力，使其能够跟上知识更新演进的步伐，始终保持模型的可用性。

（6）可解释性

大模型在自然语言处理和机器学习中发挥重要作用，不过受到参数量增长和网络结构变动的影响，模型在决策可解释性方面的问题日益突出，呈现出明显的黑盒性质，用户无法了解决策的具体过程和依据，所得到的只有输出结果。

（7）隐私安全性

大模型需要使用大量数据进行训练，这些数据可能涉及隐私、机密或敏感信息，此外大模型使用敏感数据训练产生的记忆也将成为新的敏感信息，以上信息一旦泄露将引起难以预料的后果，或将造成无法估量的损失。因此，训练过程中的数据安全保护是大模型的重点问题，必须得到充分重视和妥善解决。

（8）数据偏见和误导性信息

使用大模型得到的内容并不能保证是完全正确可靠的，因为模型训练使用的数据有时会带有偏见，这种偏见可能由数据收集方法、数据标注者个人倾向、文化背景等因素造成，致使大模型的输出结果带有非公正性和误导性。

以上列举了大模型当前面临的主要问题和挑战，如何应对这些挑战对于大模型技术而言非常关键，跨越每一项挑战都将对大模型的发展和应用产生显著的推动作用，进而使得人工智能发挥出更大的价值。

10.4 AI 大模型的未来展望

人工智能技术持续取得进步，同时大模型的应用也日渐广泛，在此背景下大模型的未来显现出以下趋势，如图 10-2 所示。

图 10-2　AI 大模型的发展趋势

（1）模型规模与效率的平衡

大模型要用到大量的计算资源，同时对存储空间也有着较高的要求，这决定了未来的大模型发展将致力于寻求规模和效率的平衡，在模型规模不变的前提下实现效率的提升，在此方面关注度较高的方案为稀疏专家模型。

在激活模型参数时，稀疏专家模型的激活范围只限于对应输入数据的参数，通过这种方式压缩计算需求，达到提升计算效率的目的。稀疏专家模型较有代表性的成果是 2023 年谷歌推出的 GlaM，此模型的参数高出 GPT-3 达 7 倍之多，然而其能耗和计算资源需求却反而更低，并且在执行多项自然语言处理任务时有着比传统模型更为出色的表现。

（2）知识的深度融合

信息可能有多个源头，各部分信息分属不同的领域，知识融合负责多源信息的整合，以赋予模型更强大的表示和决策能力。当前，大模型使用和处理的信息多具有单一模态的性质，而实际场景中的信息则很有可能呈现为文本、图像、视频等多种模态，且各种类型的信息之间存在关联，在这样的情况下仅依靠单一模态信息将面临很大困难。因此，在未来多模态融合将成为大模型的发展趋势，使得大模型处理复杂信息的能力逐步得到强化，这需要计算机视觉、语音识别等多项技术的进步提供支持。

此外，在大模型的应用中引入知识库能够起到加强模型理解能力和泛化能力的效果，提升模型在多样化场景下的适用性。在知识库的协助下，模型得以综合运用内部信息数据和外部知识，针对各种类型的问题做出更为精准的决策。

（3）具身智能的探索

具身智能着眼于智能体与环境之间的互动，在互动过程中完成信息的采集以及对问题的理解，以此作为决策和行为的依据。随着大模型的应用日渐广泛，具身智能的研发也显著加速，并在应用落地方面迅速取得进展。

在大语言模型的支持下，机器人将具备更强的理解能力，面对高级语义知识做出准确理解并加以有效应用。大模型能够将一项任务分解为多个动作，在清晰的动作流程和步骤的指导下，机器人得以更为流畅自然地与环境进行交互，呈现出更高的智能化水平。对应各种任务有多种类型的大模型，比如面对对话任务和图像处理任务时分别采用语言大模型和视觉大模型，如果是较为复杂的肢体驱动任务，则需要使用多模态大模型。多种模型的应用使得机器人显示出更强的通用性，有助于智能化能力的培养。

（4）提高可解释性与可信度

目前模型的规模不断扩大，与之对应，模型内部结构的复杂度也持续提高，在这样的条件下，如何保证模型的可解释性与可信度成为一个关键问题。

针对可解释性问题，研究者尝试引入新的方法，以新技术作为凭借，比如使用透明度更高的模型结构，或者采用具备可解释性特征的算法等，以此增强大模型的可解释性，明确地呈现模型决策过程，为决策结果提供可靠依据，便于用户的理解和使用。

针对可信度问题，研究者试图采取有效手段提升模型信息的准确性，降低出现错误或误导信息的概率，对此可借助外部信息源来实现。外部信息源能够实时更新，提供准确可靠的信息。通过访问外部信息源并引用相关信息，模型得以保障输出结果的可信度。

此外，模型在使用外部信息源时会标明引用的来源，以便用户确认信息的可靠性。目前部分大模型已经开始使用外部信息源，比如谷歌的 REALM、Facebook 的 RAG 等，此为提升大模型可信度的有益尝试，而 OpenAI 的 WebGPT、DeepMind 的 Sparrow 等将继续在大模型可信度方面不断推进。

总之，提高可解释性与可信度是大模型演进过程中的重点工作，这代表技术开发层面的主要方向之一，同时对于大模型的应用也具有重要意义：可解释性和可信度更高的大模型拥有更大的应用价值，能够在更多的领域和场景中满足人们的需求。

4

第4篇

AI+产业篇

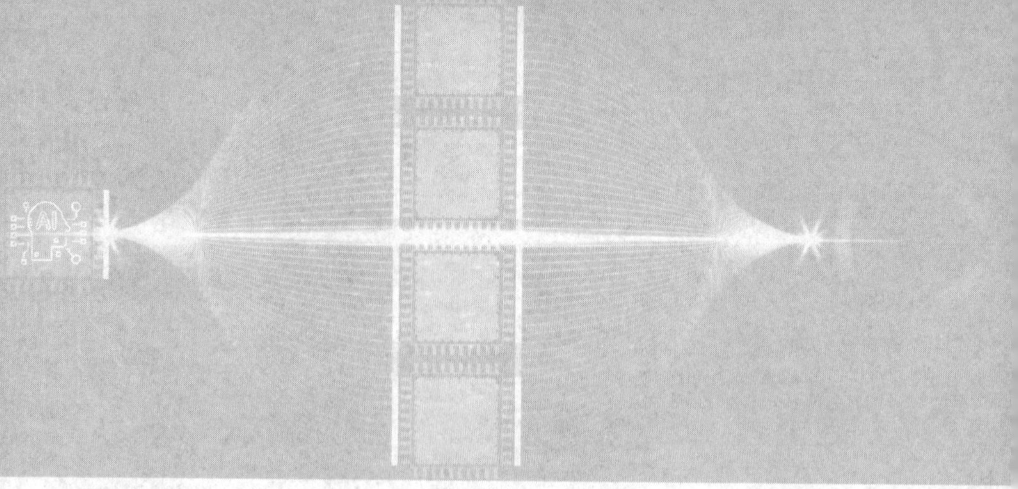

第 11 章 AI+ 工业：赋能工业互联网

11.1 智慧能源：实现能源节能降耗

工业互联网融合了工业经济和新一代信息通信技术，可以与 5G、人工智能（artificial intelligence，AI）和云计算等新兴技术协同作用，共同构成新的技术体系，如图 11-1 所示。

在 AI 的作用下，工业互联网可以充分发挥各项工业数据的价值，通过对智能设备所采集的各项数据的分析和利用实现降本增效，从而为数字经济发展提供驱动力。“AI+ 工业互联网”模式指的是与人工智能相融合的工业互联网架构的模式，具有“以大量数据采集为算料基础、以机器学习或深度学习算法为核心、以用户需求为导向，面向工业场景提供智能解决方案，帮助工业企业更好地实现数据价值和效能提升，实现数据驱动的业务转型和创新”的特点。

就目前来看，“AI+ 工业互联网”可实现仓储管理、智能计划排产、设备预防性维护和智能能源综合管理等多种功能，且已经被应用到工业领域的多个行业当中，如装备制造、石油化工、电子信息制造等行业，并在这些行业的各个生产环节中发挥着重要作用。

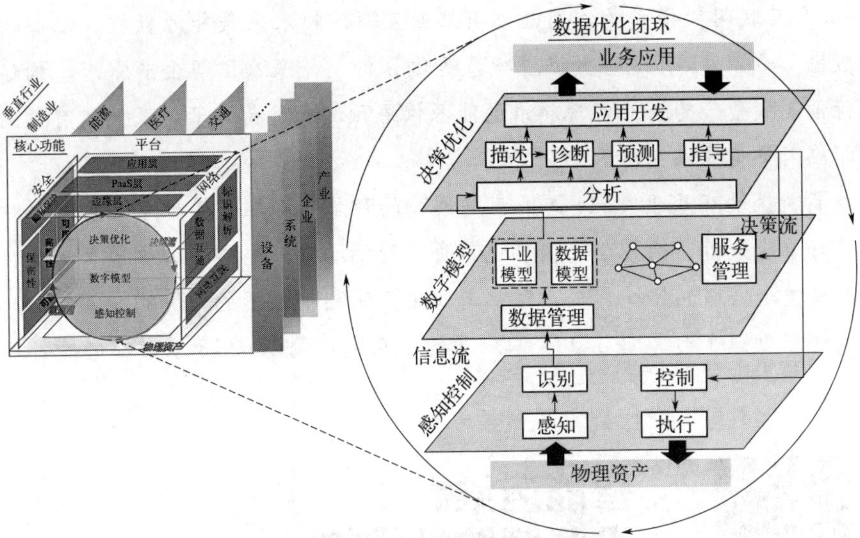

图 11-1　工业互联网体系架构 [1]

能源是工业的核心资源，可以为工业生产提供动力、热量和原料，支撑企业正常运转。2020 年 9 月，我国明确提出“双碳”目标，持续推进产业结构和能源结构调整，根据《工业能效提升行动计划》中的公开数据，工业领域的能源消费量在全国总体能源消费量中的占比已经达到 65%，工业已经成为节能降碳的主要领域，工业企业必须积极响应“绿色、环保、低碳”号召，尽量使用风电、光电等可再生能源。

一般来说，可再生能源大多具有间歇性、波动性和随机性等特点，为了在降碳的同时保证工业生产的安全性和稳定性，控制运营成本，提高经济效益，工业企业还需要将电网供电与可再生能源相结合，并综合考虑波峰波谷电价。

采用“AI+工业互联网”模式的智慧能源综合管理系统，可以广泛采集和深入分析各项用能设备的运行数据，筛选出能耗和碳排放量较高的生产环节，针对这些环节提出相应的科学合理且智能的优化建议，并预测可再生能源发电功率，在保证经济性和安全性的基础上根据预测结果和优化建议制定多能源协同策略，提高切换能源类型时的流畅度，从而确保用能设备处于运行状态时的效率在最佳效率区间内，有效提升产品良率以及生产的绿色化、低碳化程度，减少成本支出。

以某国家级高新区为例，该地区有大量制造企业，且电力来源十分多样，存量系统较为复杂，各个制造企业可以根据自身实际情况灵活选择电网、集中式储能、自建热电厂或分布式光伏 / 风电。在实际应用过程中，该高新区充分发挥

[1] 图片来源：《工业互联网体系架构（版本 2.0）》。

“AI+ 工业互联网”模式的作用，利用工业互联网精准采集能源数据、设备数据和质量数据，利用 AI 对这些数据进行系统化分析，并深入了解企业需求，构建发电及负荷预测模型，为企业实现精准的能源供给预测和负荷调节以及制定有效的峰谷期电能应用策略提供支持。

该高新区设有基于“AI+ 工业互联网”的智慧能源综合管理平台，可以对各家企业进行智能分析，衡量企业的可调节负荷资源潜力，通过聚合调节来满足在用电高峰时段整个区域的错峰需求，防止工业生产受到供电不稳的影响。不仅如此，该高新区还借助该平台掌握了 118 家企业的潜在节电量以及 78 家企业的峰谷期降费收益等数据。

11.2 智能运维：设备预防性维护

工业企业的生产线大多具有一定的复杂度，为了达到盈利的目的，企业通常需要将生产率提升至最高水平，将转化成本降至最低，并充分保证产品交付的及时性。但由于需求和供应具有不确定性，企业难以仅凭传统的管理方式实现高效生产。

“AI+ 工业互联网”模式可以充分发挥工业互联网的作用，连接起各项工业数据资源，并利用 AI 实现高级计算和智能分析功能，在工业互联网各层高效处理各项工业数据，进一步扩大 AI 在工业领域的应用范围，丰富 AI 应用场景，增强工业互联网的服务能力，为人、机器、信息流之间的高效连接提供支持，提高生产资源及服务资源配置的精准性和高效性，充分利用各项可复用的工业知识，推动整个产业链走向数字化、网络化和智能化，助力制造业企业实现高效生产，不断增强企业的竞争力和价值创造能力，从而为我国制造业发展提供强有力的支持。

在过程工业领域，为了实现安全、高效、可靠的工业生产，工厂必须保证工业设备可正常、稳定运行。根据 Splunk 平台的数据，全球企业 2000 强每年因停机造成的损失高达 4000 亿美元。工业企业不仅要提升产能，同时也要保证工业生产的安全性和稳定性，积极探索降低维护成本、增强关键设备可用性和减少非计划性停产的有效方法。

一般来说，许多企业通过定期进行预防性维修维护的方式来提升设备运行的稳定性，但这种方式会带来过度维护问题，且无法有效规避非计划性停产问题，还可能会引发维修性故障，难以充分满足企业在设备维护方面的需求。

工业企业可以采用“AI+ 工业互联网”模式，在设备处于正常运行状态时采集各项相关数据信息，并在此基础上构建历史数据训练模型，挖掘各类传感器数据之间的关联关系，构建具备规则分析判断和偏差预警功能的智能化预防性维护系统。

在智能预警机制的作用下，企业可以预先掌握故障风险信息，并提前采取相应的应对措施，防止出现非计划停产的情况。不仅如此，在“AI+ 工业互联网”模式下，预防性维护系统还可以指导企业对设备展开故障维修和维护工作，进一步提升企业的风险控制能力，保障工业生产的安全性。

从实践研究方面来看，某石油公司在“AI+ 工业互联网”的基础上构建出了智能生产预警系统，该系统可以充分发挥工业互联网的作用，广泛采集井口平台中的各项设备状态数据，并将这些数据传输到中心平台，同时也可以利用 AI 技术对设备运行参数和历史健康数据进行实时对比分析，及时发现设备异常并发出预警信息，为该公司提供预防性维护方案，防止出现由设备故障等问题造成的非计划性停产，从而帮助该公司减少在人工和设备维护方面的成本支出。

11.3 智能排产：提高生产响应速度

排产计划制订工作具有耗时长、复杂度高等特点，需要企业综合考虑多个方面的各项相关因素，如可用资源、设备效率、员工数量、市场需求、订单变动、非计划性停机、既定产品服务目标等，在最大限度上优化资源调配，提高人力、设备、仓储等资源的利用率，以便充分保证生产的安全性和经济性，达成最佳生产运营目标。

“AI+ 工业互联网”模式有助于企业制订排产计划。具体来说，企业可以构建基于“AI+ 工业互联网”模式的排产系统，并借助该系统来充分利用工业互联网和 AI 技术，广泛采集各项生产线数据，智能化评估生产线各环节的生产效率，并综合考虑各项相关约束条件，从而在高效制订和优化排产计划的同时，减少在人工方面的成本支出，加强对生产过程的控制。

不仅如此，“AI+ 工业互联网”模式的应用还有助于企业综合分析外部市场形势和内部工况信息，以便及时根据分析结果进行适应性调整，顺利达成既定目标，充分保证运营效益。除此之外，“AI+ 工业互联网”模式的应用还有助于实时共享各项信息，提高物资周转效率和保供服务水平，优化库存结构，减少在库存方面的成本支出。

以某能源电池企业为例，该企业基于“AI+ 工业互联网”构建出了决策分析与智慧排产系统，可以充分发挥 AI 技术在计算和反馈方面的能力，广泛采集并充分利用各项相关生产数据和仓储数据，同时综合考虑市场需求、物流运输等因素，制定和优化排产运营策略，进而实现整年化的排产设计、订单响应和决策制定，通过数据分析持续优化生产运营，大幅提高生产协同性、排产效率、决策效率、订单响应速度和订单履约率。

就目前来看，“AI+ 工业互联网”已经成为建设数字中国、制造强国的重要工具，同时也是我国推动工业走向数字化、网络化和智能化过程中必不可少的工具。未来，产业转型不断加速，工业互联网与 AI 等技术之间的融合日渐深入，“AI+ 工业互联网”将广泛应用于工业领域当中，并逐渐形成一定规模。

11.4 生成式 AI 在工业领域的应用

2022 年 11 月 30 日，OpenAI 发布了一款人工智能技术驱动的自然语言处理工具——ChatGPT。ChatGPT 的核心技术为生成式 AI，可以在不同的场景和领域中实现自然语言处理和多模态转化功能，同时也可以在 AI 技术的支持下不断升级，进一步提升表述的逻辑性和自然性，优化人机交互体验。

近年来，我国各大互联网企业也紧跟人工智能发展趋势，陆续推出多种“类 ChatGPT”生成式 AI 产品，如阿里巴巴推出的通义千问、百度推出的文心一言、科大讯飞推出的讯飞星火、商汤科技推出的商汤“商量”等。这些本土化的“类 ChatGPT”生成式 AI 产品拥有更大的语料库，且具备强大的计算能力和自我学习能力，能够在经过预训练之后应用到工业领域，助力工业企业进一步提升工业产品全生命周期的效率和质量。

（1）推动数据挖掘与分析

在工业领域，生成式 AI 可以充分发挥人机协同和编程能力，深入理解任务需求，多渠道采集数据，并与工业互联网协同作用，广泛采集各项生产数据，利用智能化算法优化经营生产策略，提高经营生产策略的科学性、合理性和有效性，促进各方工作人员互相协作，为企业全方位挖掘分析工业生产数据和推进全面数字化转型工作提供支持，有效缓解“工业 + 数字化”复合型人才短缺问题。

（2）支持跨行业信息融合

产业融合指的是不同产业或同一产业不同行业之间的交叉融合和动态发展，可以在一定程度上优化产业体系，增强产业竞争力，助力产业实现高质量发展。在产业融合的背景下，企业需要快速学习产业链各环节的相关技术和知识，挖掘生产经营数据等信息，提高产业融合发展水平，推动产业加速向价值链微笑曲线两端快速攀升。

生成式 AI 可以整合产业链中的“机器 - 工业互联网 -AI- 人”的信息流，综合考虑颗粒度、种类和实时性等多项需求，利用智能化的手段生成和推送各环节的数据信息，生成跨行业融合方案，为不同产业、不同行业、不同企业之间的资源共享和技术交互提供支持，并优化资源、技术及业务配置，促进产业高质量融合发展。

（3）满足用户个性化需求

近年来，消费需求呈现出多样化和个性化的趋势，企业需要广泛采集市场需求信息，精准把握需求痛点，提升柔性化生产水平，在实现个性化生产的同时有效控制生产成本。生成式 AI 具有十分强大的人机交互能力，可以通过与用户对话来获取和深入理解用户需求，帮助企业掌握用户在产品生命周期各环节的实际需求。AI+ 工业互联网有助于企业革新生产经营方式，制定科学合理的差异化生产方案，增强柔性化生产能力，提高运营的效率和质量，以及产品设计、生产、销售和服务的个性化程度，充分满足用户个性化需求，优化用户体验，降低生产成本，解决生产难题，强化企业的市场竞争力。

11.5 “AI+ 工业互联网”的应用挑战

AI+ 工业互联网模式的应用有助于提升工业生产效率，激发生产数据要素潜能，推动工业智能化转型，但同时工业领域也具有细分领域多、流程环节复杂、容错性低以及在可靠性和安全性方面要求高等特点，因此 AI+ 工业互联网模式难以迅速在工业领域的各个行业中普及应用。

“AI+ 工业互联网”的应用挑战主要如图 11-2 所示。

（1）结果可靠性与可解释性不足

在工业生产过程中，各个环节之间需要互相交互，各项业务均具有一定的复杂度，且容错性低，工业企业需要确保智能化分析和决策的所有结果均具有可解释性。但 AI 算法大多采用“黑盒”机制，决策结果缺乏可解释性和可信度，难以满足工业生产在过程预测和决策的严谨性、准确性方面的要求，且不符合工业互联网对可靠性和确定性的要求，导致 AI+ 工业互联网模式难以实现规模化部署应用。

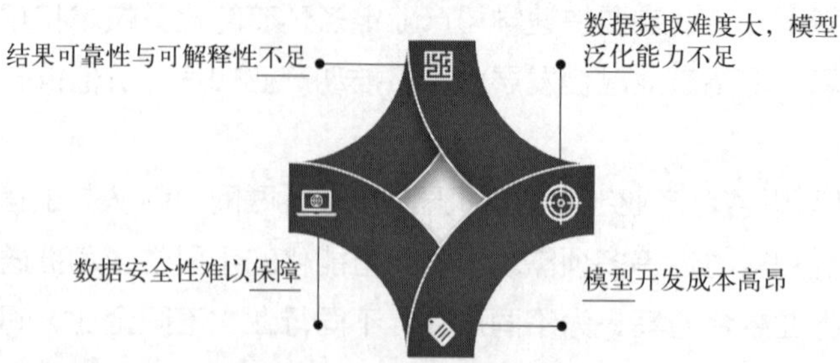

图 11-2 “AI+ 工业互联网”的应用挑战

（2）数据获取难度大，模型泛化能力不足

为了提高 AI 算法模型的准确性，企业需要为其提供大量工业数据进行训练，但由于工业数据具有私密性高、有价值信息提取难度大、有效标注少等特点，AI 算法模型难以获得充足的训练数据，无法实现持续调优和升级。

而且，工业场景大多具有复杂度高和多样性强的特点，各项工艺流程之间大多存在一定差异，针对单一场景或流程训练的 AI 算法模型存在泛化能力不足的问题，难以在其他场景或流程中发挥作用。

（3）模型开发成本高昂

AI 算法模型集成了大数据、大算力和大算法，需要耗费大量成本，借助大量数据、计算资源和强大的云化存储能力进行训练和验证。就目前来看，根据华为测算，开发和训练一次 AI 大模型需要成本 1200 万美元。由此可见，AI 算法模型的开发成本过高，企业所需承担的经济负担较大，因此许多企业并未开展 AI 算法模型研发应用工作。

高昂的开发成本限制了产业投入的积极性，阻碍了技术的发展，导致中小企业难以利用工业互联网实现转型发展目标。

（4）数据安全性难以保障

工业数据是国家安全和国民经济的重要基础，具有较高价值，数据安全既影响着企业生产、经营和管理，也与我国的社会稳定性和经济发展情况息息相关，是企业和政府部门关注的重点问题。为了防止生成式 AI 产品在人机交互过程中引发数据泄露和隐私保护方面的风险，苹果、三星、SK 海力士等多家企业已禁用这类产品。

随着产业升级转型不断推进，数据量开始爆发式增长，计算能力迅速提高，深度学习算法也得到了发展，AI 技术与工业领域融合应用的滞后性逐渐降低，AI+ 工业互联网的应用也为工业企业的生产制造、运营管理和人员培训等工作提供了支持。

近年来，我国陆续出台 AI+ 工业互联网相关政策，推动 AI 与工业互联网融合的模式快速发展，并不断加快推进新型工业化，持续提升 AI+ 工业互联网模式的赋能水平和应用场景的多样性，综合考虑各项限制性因素，有针对性地制定应对策略，充分利用 AI+ 工业互联网来促进企业新旧动能转换，助力工业领域进一步延伸价值链，实现高质量发展。

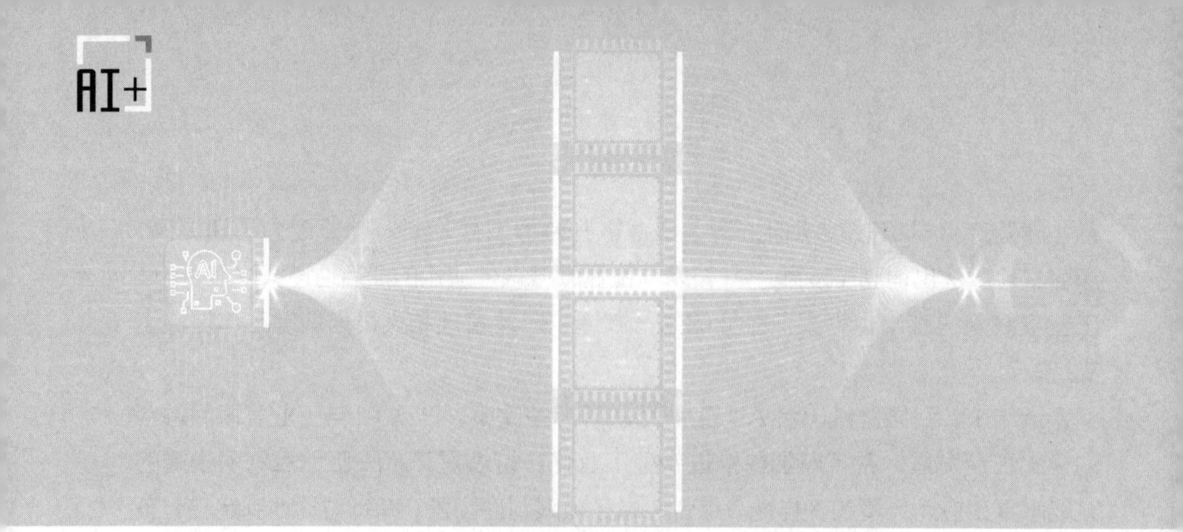

第 12 章 AI+ 医疗：开启未来医疗新模式

12.1 虚拟助理：提升医疗服务效率

AI 虚拟助理是基于人工智能技术的软件系统，能够对人类的语音或文字指令做出回应，执行相关操作，提供人类需要的服务。医疗领域专业性较强，需使用专为本领域设计开发的 AI 虚拟助理。换言之，该虚拟助理有大量医学知识作为支持，可借助智能语音和自然语言处理与人互动，协助处理各项医务工作。

下面将具体介绍 AI 虚拟助理在医疗领域的几个典型应用场景。

（1）语音电子病历

传统的手写病历的方式不仅会在很大程度上增加医生工作量，同时也不便于将病历转录到电脑。对此可借助虚拟助理引入语音电子病历，医生只需口述病历内容，而后虚拟助理会自动将其转为文本，并录入医院信息系统。语音电子病历能够让病历撰写和录入变得更加高效，减轻医生的负担，使医生得以将更多时间和精力用在医务工作上。

医疗 AI 虚拟助理配备有医疗知识系统，根据医务工作者的指令，虚拟助理从系统中调用相关的知识，理解语音信息并给出回应，完成疾病诊断、症状检测、药物选用等操作。医院可向科技公司提供病历数据和临床数据，供其进行模型训练，持续优化虚拟助理，开发性能更加优秀的语音电子病历产品。

（2）智能问诊

当前我国的很多医疗机构都面临医生人手短缺的问题，同时医生与患者之间的沟通交流效率也有待提高。针对以上问题，智能问诊可提供帮助。智能问诊系统配备有“预问诊”功能，患者挂号后可使用此功能将自己的症状、家族病史、过往病史等信息输入系统，系统会根据患者给出的信息出具初步诊断报告并交由医生查看，医生由此得以便捷地获悉患者的情况，消除医患间的沟通障碍。智能问诊系统还拥有“自诊”功能，借助此功能与患者进行交互，根据患者的描述为其出具诊断报告。

智能问诊系统的价值在于提供更加优质高效的医疗服务，有助于构建更加完善的医疗服务平台。目前智能问诊系统领域已聚集了为数不少的科技企业，同时多家线上医疗服务平台也有涉足该领域的打算。

12.2 医学影像：实现精准医疗诊断

随着计算机视觉技术不断取得进展，医学影像的应用范围也逐步扩大，需要更多的影像科和放疗科医生，而我国在此方面的工作还有待推进，医生数量无法匹配需求，尤其是缺少高水平、拥有充足经验的医生。目前，影像科医生在诊断时主要依靠肉眼观测和自身经验，难免会出现误诊或漏诊的情况，同时医生读片和靶区勾画的速度较慢，使得诊断过程通常较为漫长。

针对医学影像领域存在的问题和挑战，可通过引入人工智能作出有效应对，显著提升医生工作效率，在更短的时间内做出更为精确的诊断，实施更加精准的治疗。当前阶段，人工智能与医学影像结合的产品多为影像识别软件或处理软件，然而相关企业在产品的应用落地上面临各种障碍和挑战。

首先，医院无法为其提供充足的数据用于模型训练；其次，病灶标注是医学影像处理的关键步骤，而此操作需由影像科医生操作，将产生较高的人力成本；再有，产品开发完成后，需要跨越很高的门槛才能完成上市。另外，企业需具备多项凭证方可销售产品，并且产品需交由国家药品监督管理局审核认证，此过程十分烦琐。按照审核流程，企业需在规定的医院开展产品临床测试，接受医学伦理委员会发起的伦理审查，与参与测试的患者达成协议，而后在相关机构的监督和引导下开展测试并完成报备，产品最终由国家药品监督管理局审批通过后，才可被允许上市销售。

就目前而言，此类产品多数还在进行测试，距离商用和盈利尚有一段距离。未来企业可围绕产品探索有效的商业模式，比如尝试将产品与硬件相结合，与医疗设备生产厂家建立合作关系，在为自己的产品拓展销售渠道的同时提升设备厂家的产品竞争力，形成共赢的局面。企业也可开拓医院、体检中心等提供医学影像服务的机构作为自己的客户，向其销售软件产品，从中赚取利润。

针对病灶识别与标注，推想科技公司推出了两款人工智能医学影像产品，分别是AI-CT（智能CT辅助筛查产品）和AI-DR（智能X线辅助筛查产品）。目前这两款产品已经进入临床应用阶段，应用场所或领域有医院、医疗IT、体检中心等，能够起到提升诊断准确率的作用。

不过，目前医院在引进、推广新技术方面的行动意愿并不是太高，尽管其对新兴技术显露出一定的兴趣。对此企业还需进一步开展工作，提高合作对象对产品的认可度和接受度。

就靶区自动勾画及自适应放疗而言，当前的主要障碍并不在于医学影像数据标注（医院放疗科的数据标注率已达到较高水平，大约在70%），怎样取得更多可用数据才是眼下需解决的难点。通常情况下医学影像检验得到的片子需先后由4位医生标注并核对，之后再经过病理检验确认，以上步骤完成后的影像数据方能称得上是可用数据，由于可用数据的获取过程比较复杂，因而容易出现数据供给不充足的情况。

严格来说，影像三维重建并非新事物，不过20世纪的影像三维重建在配准上存在问题，每隔一段时间就会出现配准缺陷，因此并未得到广泛应用。针对此问题，人工智能借助进化计算算法予以解决，提升了配准的精准度。人工智能影像三维重建可构建患者身体或器官的三维模型，并借助3D打印机得到模型实体。在模型的辅助下，医生能够掌握更加充足和准确的患者信息，从而更有针对性地制订手术规划，提升手术成功率。

12.3 辅助诊疗：重塑传统诊疗模式

（1）基于医疗大数据的辅助诊疗

医疗大数据辅助诊疗结合医疗数据和人工智能算法进行疾病分析，总结疾病规律，预测病症走向，可用作诊断与治疗的有效辅助工具。在医疗健康领域，大数据的应用有助于保障治疗的安全性和精准性，同时节省医疗成本。具体而言，大数据在诊疗中的作用体现在以下方面。

① 为临床实践提供参考。基于对大量诊疗数据的分析，医务人员能够更为充分地了解有关患者和疾病的情况，从而制订更有针对性的治疗方案，采取有效的治疗措施，并且成功的治疗案例对于后续临床实践具有重要的借鉴意义。

② 提供管理决策支持。大数据分析可作为医院管理的重要倚仗，提升医院的管理和决策水平。通过对医院的收支、人事、工作效率等各项信息数据的深入分析，管理者可掌握当前医院的运行情况，发现问题或有待改进之处，采取相应的调整措施，做出科学合理的决策，以此促进医院的健康稳定运转。

③ 预测疾病的发展走向。基于大数据的医疗评价模型可用于疾病的预测分析，把握疾病在未来的发展走向。准确的预测分析对于疾病治疗有着重要意义，医务人员可根据预测结果提前采取预防性的治疗或健康管理措施，尽可能降低疾病造成的影响，使治疗和康复效果得到显著提升。

对于医疗大数据辅助诊疗而言，目前的挑战主要来自数据方面，医院数据并非完全开放，样本数据有限、获取门槛高，并且数据中有很大一部分为非结构化数据，处理和使用难度较大。为解决此问题，企业可与医院建立合作关系，更好地保障数据供给。另外，企业也可考虑与基因科学、医疗 IT、药物研发等领域的企业达成合作，开发大数据辅助诊疗的增值服务。

（2）基于医疗机器人的辅助诊疗

按照用途划分，国内的医疗机器人有手术机器人、康复机器人、医疗辅助机器人和医疗服务机器人等不同的种类。在世界范围内，医疗机器人是一个具备极大增长潜力的市场，我国医疗机器人发展势头良好，正在加速追赶处于领先地位的国家。以手术机器人为例，国内手术机器人制造企业的主要客户为医院，除了产品销售外，他们的业务还包括产品维修以及手术中心工程规划。

机器人已广泛应用于医疗领域，在诊疗过程中发挥关键的辅助作用，目前常用的医疗机器人有以下几类。

① 手术机器人。手术机器人是重要的手术辅助工具，可在手术过程中为医生提供各项帮助，同时具备影像导航定位功能，能够有效地保障手术的效果和安全。

当前，手术机器人已在多个手术场景中得到应用，包括腔镜、泛血管介入、胃肠癌手术等。从患者的角度出发，手术机器人的优点在于手术切口小，术后的恢复速度较快。从医生的角度看，手术机器人的应用使手术效果变得更加稳定，同时机器人支持远程控制，提升了医生的手术操作的便捷度。

② 康复机器人。康复机器人可辅助患者进行康复训练，加快患者的康复速度，保障康复效果，同时康复机器人还可以为患者提供日常生活层面的帮助，满足患者在康复过程中的各种生活需求。康复机器人的具体分类如图 12-1 所示。

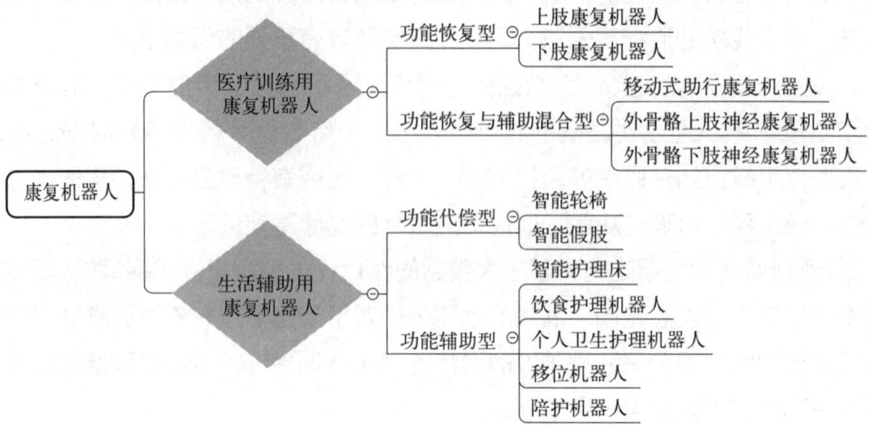

图 12-1 康复机器人的分类

当前康复机器人广泛用于由各种疾病所引起的运动功能障碍的康复，包括脑卒中、脊柱损伤、骨科疾病等，帮助患者重新获得运动能力。

③ 医疗辅助机器人。医疗辅助机器人在医疗机构的运转中担当关键的辅助者角色，可自主制订行动方案，并结合现实情况做出实际的操作和决策，保障医疗机构各项工作的有序进行。当前医疗辅助机器人的应用领域包括检查、诊断、药物管理等。

④ 医疗服务机器人。医疗服务机器人负责为医疗机构提供各项服务，如消毒、导诊、物流运送等。以智能导诊机器人为例，导诊机器人可对人脸、语音等做出准确识别，为患者的就诊提供全程引导服务，同时还可用于数据分析、知识或技能传授等。

12.4 AI 在智慧医疗领域的其他应用

（1）疾病风险预测

AI 能够通过深度学习算法与多模态数据融合技术，构建高精度的风险评估模型。因此，其在疾病风险预测领域具有不容忽视的应用潜力。基于对海量医疗影像、基因组学、电子病历及可穿戴设备监测数据的实时处理，AI 系统能够识别早期生物标志物特征，实现疾病发生概率的动态量化评估。

比如，在慢性病管理场景中，模型通过持续追踪血糖波动、血压变化等关键指标，能够提前预测糖尿病并发症、心血管事件等风险，为后续的临床干预提供前瞻性决策支持。

目前国内涉足疾病风险预测领域的企业可分为以下两类：

- 一类企业属于上游企业，拥有基因测序的核心关键技术，有能力自主开发基因测序所需的仪器设备；
- 另一类企业属于中游企业，依托上游企业提供的基因测序仪器开发与基因测序相关的应用和服务，对接位于下游的医院或个人用户。

（2）药物挖掘

药物挖掘包括药物的研发、筛选、跟踪、副作用分析等，此外开发旧有药物的新用途也属于药物挖掘。一直以来，药物研发都是一项投入极大且不确定性极高的活动，人工智能的应用有助于降低药物研发的风险，提升研发成功率。

在药物挖掘中，人工智能的作用是分析药物化学结构与其功效之间存在的关联，针对小分子药物可进行晶型预测，实现更加高效的药物筛选。此外，人工智能还可借助医院数据在短时间内完成药物与患者的匹配。

在人工智能的帮助下，研发方得以在更短的周期内以更低的成本完成新药研发，同时人工智能在药物挖掘中的价值还体现在开发定制药物上，使患者能够得到更加精准的药物治疗。不过，目前人工智能算法的成熟度还有待提升，需要投入更多的时间和数据来取得进步，药物定制化距离商用和盈利还有一段较长的距离。

（3）健康管理

健康管理主要面向健康人群或亚健康人群，旨在做到“未雨绸缪”，帮助人们形成良好的生活习惯，依靠科学合理的生活方式预防疾病的发生，如果发现身体存在异常状况则立即寻求医疗建议或接受治疗。由于每个人的身体条件和状况各不相同，健康管理通常具有个性化、定制化的特性。具体来说，健康管理由三方面的内容组成，如表 12-1 所示。

表 12-1　健康管理的主要内容

内容	要点
营养学场景	人工智能可用于分析食物，包括食物的营养成分以及对人体的影响等，制定科学健康的食谱，从饮食层面保障用户的健康

续表

内容	要点
身体健康管理	人工智能可根据用户的人体健康数据分析其当前的健康状况，给出相应的健康建议，制定有针对性的健康管理方案，包括饮食、运动、作息、身体检查等多个方面的内容，帮助用户保持身体处于健康状态。健康数据的获取可借助智能穿戴设备等
精神健康管理	智能识别、数据分析等人工智能技术可用于观测用户的精神和情绪状态，指导用户进行适当的精神管理和情绪调节，有效预防精神疾病，保持精神处于健康状态

当前，人工智能健康管理面临“数据孤岛”的问题，智能硬件、手机等各项设备的健康数据很难实现互联互通。对于此问题，可通过构建数据平台的方式加以解决，依托平台完成数据的整合，使数据得到更加充分的利用。人工智能健康管理对于提升公众的整体健康水平具有重要意义，尤其是我国精神疾病领域医务工作者的短缺问题较为突出，使用人工智能进行精神疾病管理是一项很有必要的举措。

第 13 章
AI+ 能源：赋能新型电力系统

13.1 应用 1：能源销售服务

近年来，我国鼓励将人工智能技术应用到各个领域，充分发挥科学技术的赋能作用。在能源服务领域，人工智能技术的应用能够革新能源服务模式，实现精准实时的感知和预测，充分满足能源服务市场的需求。

由此可见，人工智能技术的应用能够推动能源行业的创新发展。对我国大多数能源企业来说，积极研发人工智能应用既是大势所趋，也能为未来实现精准高效的图像识别、机器翻译、故障预测、决策优化、能源价格预测、能源消费预测、气象因素预测、非侵入式负载监控、可再生能源出力功率预测等功能打牢技术基础。

下面我们首先简单分析一下 AI 技术在能源销售服务中的应用场景。

（1）售电服务

人工智能技术在售电服务环节的应用能够有效提升能源消费预测、能源供应预测和市场价格预测的精确性和及时性，同时也能升级购电交易策略，根据客户的实际需求打造更具市场竞争力的电价套餐。

以美国的能源服务公司Drift为例，该公司将人工智能技术融入能源服务当中，以客户的能源使用情况、营业时间、建筑类型、设施年限、天气数据、本地活动、邮政编码等信息为依据，以人工智能和机器学习为技术手段对客户的用电需求进行预测，并绘制每天的电力供需曲线，从而实现点对点的电力交易和100%可再生能源供电，降低客户的用电成本。

（2）运维服务

人工智能技术在运维服务环节的应用能够帮助运维人员及时发现能源系统中潜在的故障和隐患，有助于运维人员及时进行系统检查和维护，从而有效防范系统故障。

美国的Arundo公司运用大数据和人工智能等先进技术研发用于获取和分析石油、电力、天然气等资产密集型行业的运营数据的应用软件，从而实现精准、及时的故障预测，在为各个设备和系统的安全稳定运行提供保障的同时减少在运维方面的成本支出。

德国的电网运营商Schleswig-Holstein实现了以人工智能为技术手段预测电网故障，具体来说，就是以电力线路的类型、年限、维护情况、天气状况、实时电网信息等为依据进行全面的数据检测和数据分析，提前发现隐患，提高电网的安全性。

我国国家电网公司的直属科研单位全球能源互联网研究院能够以人工智能为技术手段实现对输电线路和电力设备的异物识别、故障识别和及时告警，识别类型十分丰富，主要包括鸟巢、吊车、销钉缺失、绝缘子爆裂等。

智能巡检机器人和无人机等设备中融合了人工智能、深度学习和图像识别等先进技术，能够代替人力以更高的工作效率和安全性完成智能识别工作，大幅提高电力系统巡检的规范性和检查水平。

13.2 应用2：分布式能源服务

分布式能源是一种利用小型设备向用户端供应能源的能源综合利用方式。分布式能源服务可分为基础服务和深度服务两大类，其中，基础服务主要包括分布式光伏发电、分布式冷热电三联供、分布式生物质发电供热等，深度服务主要包括融资租赁、运维检修、资产证券化、运营区域热站等。

人工智能技术在分布式能源领域的应用能够推动分布式能源服务智能化升级，减轻天气条件等因素对能源服务系统的影响，提升预测的实时性、便捷性和精准度。

例如，西班牙的Nnergix公司利用人工智能和机器学习打造出可以访问世界各地的天气数据的Sentinel Weather平台，并使用该平台预测天气变化对可再生能源产能的影响，实现提前6小时到7天对每小时的发电量进行精准预测，从而有效提高发电效率；以色列的Meteo-Logic公司利用大数据算法和机器学习技术实现了高精度的风能和太阳能发电预测，能够通过能源管理和价格预测实现利益最大化；瑞士的苏黎世联邦理工学院和德国的班贝格大学共同组建的研究小组采集了4190个家庭的实际能源消费数据，并利用机器学习技术研发出一种技术经济模拟模型，通过该模型对各个家庭的能耗情况进行分析和评估，从而优化家庭用电系统的配置。

13.3 应用3：能源预测服务

在能源系统中应用人工智能有助于提升能源消费预测的实时性、便捷性和准确性，提高能源利用效率，实现节能降碳。以非侵入式能效监测终端为例，这类监控设备的应用能够通过采集和分析系统总电能信号来快速计算出各个单类终端的用能信息，同时降低监测成本，提升安装和维护装置、系统的便捷性。

基于非侵入式负荷监测的建筑物用能管理系统具有智能化、自动化等特点，能够实时自动检测手机充电器、笔记本电脑、电动汽车充电桩和暖通空调冷却塔等多种建筑用能设备，减少不必要的能源消耗。同时，人工智能应用还具备机器学习功能，能通过收集和分析用户行为数据进行学习，从而实现高精度的能源消费预测。

以谷歌旗下的前沿人工智能企业DeepMind公司为例，该公司将人工智能技术应用到谷歌的数据中心当中，通过机器学习对天气变化以及设备的温度、工作负荷、能源消耗情况等进行预测，并实时生成相应的节能规划，实现设备的高效配置。DeepMind公司表示这一举措为其节省了40%的制冷能源费用。

人工智能技术在能源服务系统中的应用能够通过对能源价格、电力负荷情况以及用户的能源使用方式、能源消费习惯等数据的分析来预测用户需求变化，并进行设备运行策略优化，实现多能协同，进而减少用户的用能消费支出，甚至能让用户借助能源系统获取一定的收益。

例如，美国的AI储能企业Stem公司能够利用人工智能储能分析系统预测电价变化，并根据电价变化决定为储能硬件充电还是放电，积极响应用户需求，帮助客户降低用能成本；英国的数字能源企业Open Energi公司能够利用数字平台和实时数据优化能源资产性能，并通过对客户能源需求现状的分析不断完善需求响应方案，进而帮助客户在最大限度上减少成本支出或在各个储能服务市场中实现盈利。

13.4 应用4：能源客户服务

客户服务是一种以客户为主体的服务方式，良好的客户服务能够帮助企业提高客户满意度，增强企业和客户之间关系的稳定性，避免客户流失，并在最大程度上开发顾客价值。一般来说，客户服务可分为线上客户服务和线下客户服务两大类。

将人工智能应用到客户服务环节可实现语音识别、图像识别、人脸识别、机器翻译、知识图谱构建等多种智能化应用，从而优化客户服务，提高服务质量。具体来说，图像识别技术的应用能够对工作人员起到监督作用，有效防止工作人员出现睡岗、离岗、玩手机等行为；人脸识别技术的应用能够在考勤环节发挥重要作用，既能通过人脸进行打卡签到，实现高效考勤，也能快速精准地识别外部人员，为企业内部的安全提供保障；逻辑回归模型的应用能够通过量化分析客户偏好实现欠费风险预测。

例如，我国的国家电网公司利用语音识别技术将95598呼叫中心的录音音频数据转化为文本数据，并通过分析历史数据信息对客户的诉求进行精准预测，从而为座席的工作提供方便，提高座席工作效率；美国能源企业Duke Energy公司与其他企业合作，利用人工智能技术研发出MyHome移动应用程序，该应用中的智能聊天机器人能够通过交流为用户提供其需要的信息资料。由此可见，对能源企业来说，自主研发和合作开发都是推动人工智能在能源服务领域的应用不断深入的重要手段。

针对人工智能技术在能源服务领域的应用问题，世界各国既可以选择自主技术研发，也可以选择支持创业企业开发。在世界范围内，大多数创业公司选择与能源企业合作的方式来获取技术和资金方面的支持，例如美国的Bidgely公司通过与德国的能源运维服务公司 E.ON 和美国的核电力公司 Exelon 等企业进行合作的方式获取资金支持；美国的 Stem 公司通过与西班牙的电力公司 IBERDROLA、德国能源公司 RWE 等企业进行合作的方式获取资金支持。

除此之外，英国的节能服务企业 Green Running 等部分能源公司选择直接提供能源服务。在各个国家当中，美国和英国的能源服务发展水平较高，有着更广阔的能源服务领域和更全面的应用内容；我国目前在人工智能能源服务领域发展的创业企业数量较少，因此应用领域和应用内容较为集中。

13.5 我国“AI+ 能源”的实践路径

人工智能技术在能源服务领域的应用价值可以通过全链条智能优化得到显著体现。比如，在发电侧，深度强化学习算法能够优化新能源机组运行策略；在电网侧，通过构建时空大数据驱动的设备健康度评估模型，并结合图神经网络，能够实现跨区域潮流智能调度；在配售电环节，开发负荷预测孪生系统等相关系统，可以精准响应用户需求。

总的来说，人工智能技术体系能够依托实时数据采集、智能分析决策、闭环控制优化的技术路径，推动能源服务向高效化、清洁化、市场化方向升级，为智能化电力系统建设和“双碳”目标达成提供核心技术支撑。我国在推进“AI+ 能源服务”转型的过程中，可以从以下几个方面着手，如图 13-1 所示。

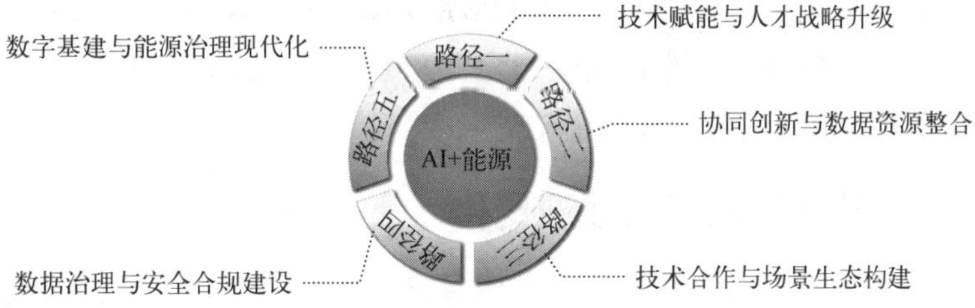

图 13-1　我国“AI+ 能源”的实践路径

（1）技术赋能与人才战略升级

我国科技公司和能源服务企业需要以能源服务需求变化为依据，加快技术研发和专利申请的步伐，加强人才培养和人才引进，尤其要强化对人工智能技术人才的育留，提高相关工作人员在图像识别、故障预测、决策优化、机器翻译、能源消费预测、能源价格预测、天气条件预测、非侵入式负载监控、新能源出力功率预测等方面的能力。

（2）协同创新与数据资源整合

我国的能源服务企业要加强与各个高校、创业企业、设备制造企业的交流合作，通过与其他企业和机构的协同提升自身在人工智能应用开发方面的能力，并从创业企业中购入相关服务或向其提供资金支持，形成协同互补的发展氛围。不仅如此，各能源服务企业还应充分发挥自身在场景搭建方面的优势，获取海量实时数据，并从中提取大量高质量的数据用于算法训练，从而在实践中持续更新和完善产品服务。

（3）技术合作与场景生态构建

我国的人工智能创业企业也要加强与能源服务企业和设备制造企业之间的合作，充分利用人工智能技术革新数据管理机制，提高机制的灵活性，并在客户允许的前提下采集大量数据用于深度学习和算法训练。与此同时，部分创业企业还可以通过融资等方式获取资金支持，进而加快在能源服务和硬件制造领域布局的步伐，并获取更多的数据资源，逐步开发和扩展人工智能技术在能源服务领域的应用场景，以技术和战略为指导不断推进能源服务走向智慧化。

（4）数据治理与安全合规建设

各政府相关部门和企业应重视对人工智能应用的安全治理，切实保护数据信息的安全。对政府来说，要完善相关法律法规，加强对企业采集和使用个人信息数据的行为的监管力度，并加大对人工智能应用领域的数据非法销售、侵犯隐私、数据欺诈等违法犯罪行为的执法力度；对企业来说，要建立科学的用户信息保护制度，充分保障用户的隐私权、数据权和信息权。

（5）数字基建与能源治理现代化

政府应推进城市感知体系建设，促进经济、农业、土地、能源、气象、交通能耗、建筑能耗等数据的实时感知和开放共享，为上市公司营造良好的发展环境，并制定科学合理的能源管理方案、全能源消耗信息披露制度等能源服务规划；与此同时，高耗能企业和大型公共建筑要严格遵循相关规章制度，对外公布其实际碳排放量，公共部门也要公开无须保密且无关公共利益的数据信息。

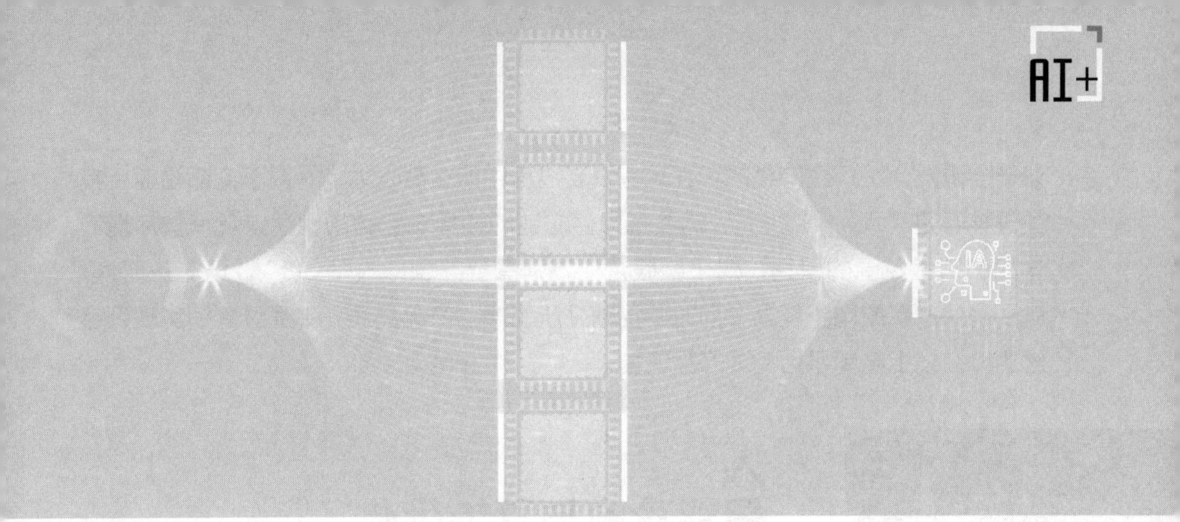

第 14 章
AI+ 零售：“人、货、场”数字化重构

销售人员和顾客、商品以及销售环境是构成零售行业业务内容的关键三要素，即“人、货、场”，如图 14-1 所示。所有零售行业的业务都可以按照这三个维度作进一步的分析。

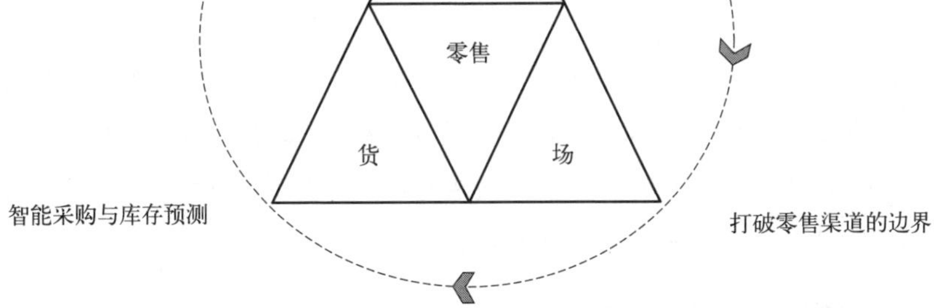

图 14-1　零售行业业务内容的关键三要素

不过，由于垂直领域的天然差异，在使用此框架分析时不同的细分领域也会有不同的关注点。举例而言，对于快消品行业，其关注核心是“货”，因此产品的

设计与研发、工厂生产线的管理是其发展过程中的主要发力点；对于商超企业，其关注核心是“人”和“场”，需要考虑供应链的选择、顾客的触达以及销售环境的布局和销售氛围的营造；对于鞋服企业，则需要兼顾“人”“货”“场”三要素，既要确保产品的创新能力，同时要控制好所生产的产品品质，并通过营销实现顾客触达，在线上电商平台完成产品销售。

14.1 人：智能导购与营销优化

人工智能的赋能作用使得“人”的数字化重构主要围绕消费者、员工及利益相关方的数据化、精准化和智能化展开。

（1）智能导购

当前，线上经济成为最常见的产业运营模式，商家通过线上平台使产品触达用户，与用户进行需求对接，回应用户咨询和提供导购服务是最常见的业务。在传统零售业服务中，往往在企业微信上搭建专门的导购团队执行这一任务，但是这种导购服务设置往往存在解答专业度不够、对接客户量有限、服务人员留存率低等问题，从而导致服务转化率低、用人成本过高，使企业面临投入产出比过低的情况。通过智能导购系统，则能有效改善这一局面。

在人工导购与消费者沟通的过程中，智能导购系统可以起到辅助沟通的作用，通过语义识别精准洞察用户需求，并以不同的对话风格解答产品专业知识；对用户提出的问题同步至产品专家 Agent、营销活动专家 Agent、供应链专家 Agent，并将专家 Agent 的反馈结果经过一定语言加工后呈现给客户。

此外，为了优化用户在咨询过程中的体验，进一步提高咨询过程中用户的愉悦感，系统还设置了能够通过语义识别、内容分析、关键词提取洞悉用户情绪、感知用户需求的 AI 对话分析 Agent，以快速分析并响应用户提问，在提升导购咨询处理速度的同时也进一步保证了服务的稳定性。

（2）营销活动 Agent

营销活动是企业触达用户、实现盈利的关键，从制定营销计划、进行人群定位到合理分配营销预算、选取触达方式与营销素材，再到执行营销策略、评估营销效果，一次成功的营销活动需要把握好诸多细节，而当前企业在这一过程中仍旧存在以下问题：

- 在营销计划方面，需要涉及多维度业务数据的搜集、运算和分析，对跨部门协作要求较高，且计划文档撰稿量大、人力资源占用多、工作量大、工作周期长。
- 在营销内容和素材方面，内容创意产出能力低，素材搜集难度大，同时不同渠道、不同细分类别的用户又对创意和素材提出了更高颗粒度的要求。
- 在营销策略方面，人群细分导致营销策略需要考虑的条件越来越多，平衡好各种条件的要求难度较大。
- 在营销活动结束后的效果评估方面，需要涉及大量多维度数据的运算与分析。一方面，这些数据来自多个部门，采集难度大；另一方面，数据计算量大、计算难度高，且营销活动总结报告撰写压力大。

经过训练后，在分析海量业务数据的前提下，AI 大模型能够综合多种因素进行统筹规划，并总结出市场规律，通过构建多智能体系统（multi-agent system，MAS）提升营销活动的触达效果，提高产品转化率。

① 营销计划智能体。响应企业营销需求，实现跨部门的数据汇聚，并通过历史营销行为和市场数据的分析确定营销计划的各项参数。企业输入营销目标后，该智能体将会输出用户画像清晰、营销方式明确、创意和素材贴合营销实际、预算分配科学、营销策略富有竞争力的营销计划，并从计划实施角度作出部署，向企业智能体下达指令。

② 人群提取智能体。专门负责目标用户分析与管理，在营销计划智能体的指挥下从客户关系管理（customer relationship management，CRM）或客户数据平台（customer data platform，CDP）等系统内筛选出条件与营销计划相符的客户。

③ 内容生产智能体。依托庞大的素材库，能够快速理解营销计划中的需求信息，并综合考虑目标营销渠道、创意需求、内容期待等因素，生成贴合计划需要的营销素材。

④ 人群触达智能体。拥有庞大的用户信息数据库，直接与营销自动化（MA）等系统对接，能够针对不同的人群制定差异化的触达策略，实现对用户的“心智占领”，并实时监控营销过程，记录各项营销数据。

⑤ 效果分析智能体。主要用于营销效果的评估，能够实现跨系统的数据采集，并将获取的数据进行归类整理和分析，指明问题，沉淀经验，最终将营销总结报告推送给相关人员。

（3）营销内容生产

营销内容的创意性、针对性是高效触达用户的关键：前者能够使营销更具竞争力，迅速吸引用户的注意力；后者则能够提升转化效果，更好地获得用户认同。然而在实际的营销中，实现这两点难度较大：一则内容创意产出量低、投入高而收益低，导致内容同质化严重，转化效果欠佳；二则销售方式、目标人群的细分提高了素材制作的难度和成本。

以上问题可以通过训练相应的 AI Agent 来应对，更高效地生产出优质的营销内容：

- Agent A：主要用于针对营销方式、细分人群进行定向化的素材生产，保证营销素材的差异性供给。在提取出营销计划中的需求后，模型解析需求，生成不同风格、不同主题的内容素材，包括图片、视频、文字等，同时从企业内部知识库调取产品文档、产品卖点等数据信息与所生成的素材结合，最终生成差异化素材。
- Agent B：主要用于已生成内容质量的审核与优化。在使用营销部门的海量质量要求数据进行训练后，Agent B 从合规性、内容质量（主题、风格、创意性）等维度审核 Agent A 生成的内容，给出修改意见，帮助 Agent A 进行内容优化。

这样，通过两个 Agent 形成的“内容生成－内容优化”循环，能够不断提高所生成的内容质量，使之越来越贴近企业的营销需要。同时，这种两个 Agent 交互循环的应用场景也有着极大的开发意义，既可以将其作为独立工具类产品售卖，也可以以之为基础推出系统性的数字化产品。同时需要注意的是，为了保证素材质量，需要使用海量的场景数据、素材数据进行 AI Agent 模型训练，提高产出素材的质量上限。

14.2 货：智能采购与库存预测

“货”的数字化重构以商品全生命周期管理为核心，覆盖供应链、库存、商品设计到销售的各个环节。以下主要介绍智能采购与库存预测。

（1）智能采购

采购是商品供应链中的重要部分，具体可以分为供应商管理和采购订单管理两部分。

供应商管理具有信息处理量大、流程性强、重复性高的特点，涉及货源寻找、供应商信息查验以及合作风险评估等。传统采购中依赖人工完成这些工作，耗费的时间较长，工作效率较低。使用 AI 大模型，则能解决这些问题。

在合作前的货源筛查、信息搜集以及风险评估阶段，AI Agent 在获取企业的需求信息后，将直接从所接入的供应商网站中爬取信息，完成货源信息搜集工作。随后，借助 OCR 文字识别技术提取供应商的关键信息，筛选出符合条件的供应商并自动通过邮件完成对接，在大量对话训练的基础上甚至可以采用不同的交谈风格与供应商交流，提高合作成功的概率。因此，AI Agent 极大地降低了供应链管理工作对人工的依赖程度，对企业内部的人力资源优化意义重大。

在正式合作阶段，AI Agent 可以用于采购订单的管理，能够实现采购计划制定、自动下单以及订单监控。通过查询企业内部的销售信息，AI Agent 能够了解企业的采购需求，并结合商品 BOM 清单、采购预算和供应商响应能力生成参数详细的采购清单，经人工校对后投入使用。采购计划审核通过后，AI Agent 则会依据采购计划或仓库需求向事先确定的供应商下单。完成下单后，AI Agent 通过接入供应商的业务系统实现订单跟踪，保证采购进程符合预期；当出现供应商流程履行不及时的情况，将自动拨打电话督促供应商提高供货速度。

（2）库存预测

AI 仓储助手主要用于企业的库存管理，包括库存计划生成和库存监控两方面内容。

库存计划本质上是通过需求预算和估测提前确定产品的库存量、补货线，保证库存与市场需求的动态平衡，避免出现滞销或缺货的情况，涉及周转库存、安全库存、过剩库存和风险库存四大库存的管理。通常，企业的正常运营需要保证周转库存和安全库存充足，提高供应链韧性，同时加快过剩库存和风险库存的消耗速度，避免出现额外的库存成本。

在库存计划方面，AI 仓储助手在学习特定的库存计算方式后，能够实时调用企业的销售与采购数据，完成需求推测，计算出最合适的周转库存、安全库存、风险库存和过剩库存量，同时支持库存答疑，解答具体到门店、品类的库存问题，且计算过程透明可见。

在库存监测方面，AI 仓储助手能够获取实时的库存数据，当库存数量接近预警线时执行自动采购或库存提醒操作。此外，AI 仓储还支持特定商品及品类查询，采用对话式方式解答，高效便捷。

14.3 场：打破零售渠道的边界

在零售生态系统中，“场”是人货连接的拓扑空间，在互联网的支持下逐渐向数字场域的方向演化。电商平台具有开放性、多样性、低成本和高效性等诸多优势，可支撑买卖双方进行交流沟通，让买家可以在任意时间、任意地点进行网络购物，让卖家可以利用 AI 分析各项线上购物行为数据，深入了解消费者的需求和购物偏好。

AI 的应用有效推动了线上与线下、虚拟与现实互相融合，提高了线下渠道的敏捷化程度，并为零售行业催生出许多新业态，如智能导购、数字化卖场等，为人货连接、线上购物和线上服务提供了强有力的支持。具体来说，在打通线上、线下渠道后，消费者既可以获得线下购物体验，也可以享受线上购物优惠；卖家既可以在后台进行人流数据化管理，也可以充分把握消费者需求。

在零售领域，场的多元化发展要求卖家采用智能化手段实现精准运营，增强用户黏性，有针对性地促进消费转化。从实际操作上来看，零售企业可以利用 AI 技术自动、高效生成个性化、定制化的创意内容，增强用户黏性，并根据消费者偏好推送相应的产品，进而获得更高的转化率。

实体零售企业可以利用 AI 技术监测各个门店的营销效果，掌握市场动态。与传统方式相比，基于图像识别技术的 AI 商品陈列分析解决方案打破了中间环节，支持买卖双方直接沟通，同时为实体零售企业的访销工作提供方便，提高访销效率。不仅如此，也可以以智能化的方式推动终端门店管理向数字化、标准化的方向升级，在数据层面为门店的智能化运营和营销推广提供强有力的支持，助力企业进一步优化消费者的购物体验。

销售数据能够帮助店铺运营者更好地掌握经营情况，从而制定有针对性的销售策略，因此企业线下门店的店长和员工经常需要进行数据查询，如了解店铺的销量增长情况、哪些产品是销售主力、哪些产品属于潜力产品等。

在实际的经营中，很多零售品牌会打造专门的店内商业智能（business intelligence，BI）系统、开发移动端应用等供员工使用，但此类数据工具存在数据维度有限、操作复杂等问题，效果欠佳。而大模型所构建的门店经营助手则不存在上述问题，不仅能够提供全面的数据支撑，同时语音对话式的交互方式极大地提高了数据查询的便捷性。

随着零售行业的智能化程度不断提升，“人、货、场”重构逐渐进入技术架构优化阶段，人的管理、货的管理、场的管理都在向数智化的方向快速转型。零售企业可以整合和贯通人、货、场的数据，并利用各项数据支撑决策，推动新零售变革，实现高效发展。

5

第 5 篇

AI+社会

第 15 章 智慧政务：基于大模型的政务应用

15.1 全球政务大模型的应用现状

近年来，ChatGPT 等大模型工具的应用在一定程度上改变了部分行业的运作方式，世界各国陆续加入到对 AI 大模型等新技术的研究当中，并试图利用 AI 大模型等新技术进行政府治理，进一步加快推进数字政府向智能化方向发展的速度。

从应用广度上来看，截至目前，许多国家和地区将生成式 AI 大模型应用到政府事务管理当中，如美国、英国、葡萄牙、丹麦、日本、韩国、印度、爱尔兰、加拿大、阿联酋、卡塔尔、以色列、柬埔寨、新加坡、澳大利亚、马来西亚等国家均借助大模型推动政府治理实现智能化。

从应用层级上来看，多个国家的中央政府部门和地方机构均在推进大模型技术应用，借助 ChatGPT 等大模型工具进一步加强政府治理，如美国的联邦政府机构总务管理局、华盛顿州政府、波士顿市等各级政府部门，日本的中央政府部门农林水产省、一级行政区划东京都、地方政府横须贺市等各级政府部门。

从应用场景上来看，AI 大模型可以在多种政府活动场景（如文本生成、服务提供、决策分析、科研创新等）中发挥作用，为政府部门的工作人员处理各项政务提供方便。除此之外，受数据安全等因素的影响，部分地区或部门对 AI 大模型的应用进行限制，如美国环保局、缅因州政府等部门禁止公务人员使用 AI 大模型。

从应用深度上来看，在政务领域，大模型已经具有较高的认知率、利用率和应用前景。以日本为例，2023 年 4 月 18 日，日本神奈川县横须贺市提出“从 20 日起在政府业务中尝试采用人工智能聊天软件 ChatGPT”；2023 年 8 月，日本东京都政府已允许公务员在部分工作中使用 ChatGPT；根据人工智能研究公司 Goatman 的公开数据，在日本所有的都、道、府、县政府中，使用 ChatGPT 的政府部门的占比已经超过 50%。

根据路透社新闻研究所的调查数据，ChatGPT 是目前使用最为广泛的生成式人工智能工具。日本野村综合研究所的调查数据显示，政府部门对 ChatGPT 的利用率高达 17.5%，在所有行业中位于第三位。罗兰 · 贝格（Roland Berger）指出，生成式人工智能大模型在教育、通信、公共服务等行业有着较大的应用潜力，可以创造出较高的价值，同时，这些行业也是其后续落地应用的主要领域。大模型在公共服务领域的应用可以有效降低经营成本，为相关工作人员落实各项工作提供方便。比如，根据一项针对加拿大公共服务部门的调查显示，在 1320 名被调查的公务员中，有大约 11% 的公务员在工作中使用过 AI 大模型。

从部署推进情况来看，美国、日本、新加坡等国家的部署实践时间较早，已经取得了一定的实践成效，且已推动各地向集成应用发展。在 AI 大模型部署推进过程中，部分国家逐步了解到大模型技术对政府治理的影响，发现了大模型应用的安全风险隐患，并在整体上对部署方式和数据处理等进行调整，不断增强各政府部门的新技术集成应用能力，以便在政府治理过程中充分发挥各项新技术的作用，灵活规避大模型应用风险。

2023 年 7 月，微软向日本数字厅提供 ChatGPT 的基础技术，并在日本设置用于处理机密信息的 AI 大模型，为日本政府的会议记录和国会答辩草稿制作等工作提供方便。除此之外，新加坡政府也高度重视人工智能的发展和应用，与谷歌展开合作，共同推进“人工智能开拓者”项目，并设置 AI 创新沙盒，为公共部门开展各项工作提供支持。与此同时，部分大模型厂商也积极响应政府在集成应用方面的需求，开始向政府提供定制化服务。

美国及日本政府均与微软建立合作关系，微软会向两国政府提供微软 Azure 智能云平台调用 ChatGPT 的服务，两国政府只需访问 Azure 门户并创建 OpenAI 资源，即可使用 Azure OpenAI 服务提供的各项模型。除此之外，全球最大的上市咨询公司埃森哲开发出了 FedGPT，该模型专门向美国联邦政府机构提供服务，可以为美国联邦政府机构的工作人员处理各项事务提供方便；韩国互联网公司 NAVER 开发出了面向阿拉伯国家的 AI 大模型，专向阿拉伯国家提供各项智能化服务。

15.2 场景 1：辅助政府内部办公

（1）辅助知识检索与收集

大模型具有十分强大的信息采集功能，且融合了深度学习算法，既可以按照提示迅速采集大量数据信息，也可以借助各项算法对采集到的信息进行分类和聚类，集中处理、总结和归纳各项分散的信息。

在政府内部办公场景中，大模型可以迅速为公务人员整理好具有较高的匹配度和整合度的信息，助力公务人员实现高效办公。对公务人员来说，可以充分发挥大语言模型等工具的作用，提高咨询信息收集、政策研究、招标标准分析等各项工作的高效性以及信息检索的效率和准确性。

英国、韩国、澳大利亚等多个国家鼓励政府工作人员使用 ChatGPT 等大模型来采集信息，完成政策调研。就目前来看，爱尔兰农业部已经开始使用 ChatGPT 来检索技术和软件方面的问题，并借助这些 AI 大模型在一定程度上提高了这类问题的处理效率。

以日本横须贺市为例，该市已经有许多公务员在开展业务的过程中使用 ChatGPT 来检索信息，并从检索内容中汲取业务灵感，获取政策建议。具体来说，在横须贺市政府中，有大量公务员利用 ChatGPT 进行知识检索，大部分公务员认为，在知识检索方面，ChatGPT 具有传统检索方式不具备的优势，能够带来更加丰富的信息，激发出更多灵感和创意，同时知识检索也是 ChatGPT 的主要应用场景。不仅如此，横须贺市还在 ChatGPT 的基础上针对各个政府部门开发出相应的问答系统，为各个城市的相关工作人员了解本市政府的 ChatGPT 使用情况提供方便。

除此之外，日本千叶县也对生成式人工智能的应用情况进行了调查，通过调查发现，大多数公务人员认可 ChatGPT 在政务治理中所发挥的作用，认为 ChatGPT 在各项政务中的应用可以有效提高业务处理效率，尤其是在创建 VBA 和编程代码知识场景中，ChatGPT 发挥着至关重要的作用。

（2）助力内部文书写作自动化

在政府内部办公所涉及的各项工作任务中，政府公文写作具有任务量大、机械性强、存在一定规律和模板等特点，可以通过利用高质量语料对大模型进行训练的方式增强大模型的公文处理能力，以便利用大模型高效完成内容校对、资料整合和摘要总结等工作；不仅如此，也可以向大模型输入既定的框架和模板，利用大模型生成符合要求的文本。

大模型工具在政府公文写作场景中的应用可以帮助公务员处理各项繁复的文案工作，减轻公务员在文案处理方面的工作压力，让公务员可以将更多时间和精力用到各项更具创造性的工作当中。就目前来看，大模型已经被广泛应用到多种类型的应用型文书（如报告、邮件、政府简报、会议纪要等）写作当中。

新加坡政府的开源科技部开发出的 Pair 公务员文书写作系统可以快速整理大量信息，高效完成电邮写作、政府工作报告初稿写作等工作，为相关工作人员处理公文写作提供方便。从实际落地应用情况来看，Pair 在试运营期间就吸引了大量政府部门工作人员，且用户活跃度较高。

在全球范围内，有许多国家使用 ChatGPT 等大模型来辅助政府内部办公。具体来说，美国众议院将 ChatGPT 应用到政府内部的各项文本内容创建和总结工作当中，如演讲信息总结、政策文件写作、法案草稿写作等；日本政府与微软合作，利用微软提供的大模型工具统计分析政府数据，撰写用于答复政府官员质询的草稿。除此之外，还有东京都、横须贺市，以及中国台湾花莲县、柬埔寨数字政府委员会等多个地区或部门，已经将大模型应用到政府内部文书处理工作当中。

15.3 场景 2：助力政务信息公开

在政务信息公开场景中，大模型类工具可以充分发挥自然语言处理能力以及多语言和多模态能力，按照指定的语气和风格向群众输出政府意图或信息，既能够帮助各政府部门扩大信息受众范围，提高信息公开形态的多样性，也能够让政府站在群众的角度上看待问题，帮助政府进一步提高政务信息的群众接受度和理解度。就目前来看，在政务信息公开方面，大模型主要用于撰写公开新闻稿件、简化或改写政策文件和生成政府宣传物料等场景。

（1）撰写公开新闻稿件

大模型在撰写公开新闻稿件中的应用：可以根据资料库中的信息快速生成新闻稿，缩短新闻稿撰写时间，提高政府相关工作人员的工作效率。

我国台湾地区花莲县通过对ChatGPT的微调来提升其对新闻撰写的熟悉度，并利用经过微调的ChatGPT来撰写活动类新闻稿，帮助相关工作人员进一步提高工作效率，减少在新闻稿撰写方面花费的时间。

2023年4月，日本横须贺市政府公开发表了题为《地方政府尚属首次！横须贺市政府开始在全市范围内演示ChatGPT的使用》的新闻，向群众展示ChatGPT的实际使用情况，并明确表示“该新闻由ChatGPT撰写，工作人员仅进行部分校对与润色”。美国众议院数字服务团队认为，ChatGPT可以在选民回应草案和新闻文件的生成方面发挥重要作用。

（2）简化或改写官方文件

大模型在简化或改写官方文件中的应用：可以快速修订文件、简化文本写作，甚至运用不同语言撰写文本内容，帮助政府相关工作人员提高工作效率，减轻在文件修订等方面的工作压力。

例如，日本农林水产省有大量监管文件修订任务，利用ChatGPT来修订文件有效降低了工作人员的压力，提高了文件修订效率；与此同时，该机构还将ChatGPT应用到各项在线操作指南当中，降低各项流程的操作难度，为群众完成业务申请提供方便。日本福岛县政府使用ChatGPT生成县计划摘要和儿童版县计划。美国波士顿政府鼓励相关工作人员在简化文本写作、多语种文本写作等场景中使用ChatGPT，为各政府部门向不同年龄段、不同教育水平、不同语种的群众传达政府信息提供方便。

（3）生成政府宣传物料

大模型在生成政府宣传物料场景中的应用可以有效提高物料制作效率和宣传形式的多样性，为相关工作人员开展宣传工作提供支持。

例如，日本的当别町和横须贺市等地区将ChatGPT应用到政府宣传文案制作；日本茨城县利用ChatGPT打造虚拟旅游网络达人，通过虚拟人与群众之间的良好互动来优化旅游体验，提高当地旅游的吸引力；美国众议院充分发挥ChatGPT的生成功能，利用ChatGPT根据自身要求生成政府品牌宣传Logo图案；美国波士顿鼓励相关工作人员使用ChatGPT等大模型工具制作政府宣传海报、视频和歌曲等物料。

15.4 场景3：优化政务服务交互

许多大模型的对话交互能力已经达到类人化水平，可以优化政府的服务咨询模式和业务办理模式，升级政务服务问询系统，为群众办事提供方便。问询系统在政府向群众和企业提供服务的过程中发挥着至关重要的作用，传统的政务问询系统限制用户每次只能输入一个问题，且回复内容大多由一些特定词汇或专业性语言触发，存在回复精准度低等不足之处，难以有效解决用户面临的难题。

在政务问询系统中引入大模型技术后，问询系统的理解能力得到了进一步提高，可以深入理解用户的自然语言，并联系上下文分析用户意图，精准把握用户需求，提高回复的准确性和办事成功率。不仅如此，在大模型技术的支持下，问询系统可支持多轮对话交互，在办理业务的过程中可以为用户提供全程引导和协助，为政府部门带来新的政务服务模式。

现阶段，大模型技术已经被广泛应用到与问询系统相关的各个政务服务场景当中，如政务热线、政府服务智能助手、专业领域问询等，为政府各部门工作和群众办事提供方便。

（1）助力政务热线智能化

大模型技术的应用有效推动政务热线走向智能化、自动化，大幅提高了咨询回复效率和电话接通率，缩短了电话响应时间，为群众提供了更多便利。

韩国首尔市120茶山呼叫中心大力推进ChatGPT在城市咨询热线中的应用，试图借助ChatGPT来提高违规信息举报、信访处理和咨询等各项事务的自动化程度；葡萄牙政府大力开发基于ChatGPT且可用于处理112政府紧急热线相关业务的新人工智能系统，进一步提高接听答复、问题评估和工单派发等环节的智能化程度，保证电话接通的及时性。

（2）打造政府服务智能助手

大模型技术可用于打造政府服务智能助手，政府可以利用政府服务智能助手来处理各项工作，进一步提升服务效率和群众及企业的体验。

卡塔尔通信和信息技术部在国家政府门户网站Hukoomi中引入ChatGPT技术，进一步提高服务效率，优化用户体验；阿联酋迪拜水电局在聊天机器人中引入ChatGPT技术，为用户提供全天候业务咨询服务；阿联酋电信和数字政府监管局将ChatGPT引入到政府网站，以便向中小企业推荐网站域名，同时企业也可以输入经营业务相关信息，获取后缀为“.ae”的网站域名。

除此之外，阿联酋将ChatGPT融入国家政府门户网站的问询系统U-ASK当中；新加坡政府科技局将大语言模型与各个政务聊天机器人结合，并为大模型提供包含各项政府文档资料的知识库。

一般来说，在使用政务聊天机器人之前，相关工作人员需要先手动开发多种用于触发同一问题的关键词的提问方式，但在大模型的支持下，聊天机器人将具备自然语言处理和人类反馈强化学习能力，无须经过复杂的训练，这有效减少了开发人员在机器人训练、维护和更新方面的投入。

近年来，各国政府纷纷使用AI大模型来优化政务服务交互。具体来说，马来西亚科技创新部计划将ChatGPT应用到政府服务，用于回复公众咨询；美国纽约市政府开设MyCity门户网站，利用AI技术来为各个家庭提供更好的儿童看护服务，并大力推进AI聊天机器人试点项目，为用户获取市政府网站信息提供方便。

（3）支撑专业领域问询服务

大模型在专业领域问询服务中可用于查询各项专业的知识和信息，为用户获取专业信息和办理专业领域事项提供方便。

印度电子信息技术部利用政府文件和当地语言训练ChatGPT，将语音识别软件添加到ChatGPT当中，并将经过训练的ChatGPT引入聊天软件ChatsApp，让语言、文化水平、收入水平各异的弱势群体均可通过该软件查询政府补贴项目和相关政策；葡萄牙政府将大模型应用到法律专业知识训练当中，以便为用户提供司法和办证等方面的咨询服务，为群众办事提供方便；新加坡政府科技局将大模型应用到SupportGoWhere政府援助申请网站，让用户只需输入情况描述就可以获取符合其实际情况的援助项目相关信息。

15.5 场景4：打造智慧民生项目

大模型在民生领域发挥着重要作用，可用于提高教育、医疗、就业等民生项目的智慧化程度，为群众提供更好的民生服务。就目前来看，在一些考试项目中，部分大模型表现出了优于人类的学习能力，例如，根据 OpenAI 官方公布的数据，在 SAT 美国大学入学考试中，ChatGPT 的数学成绩高于 89% 的人类考生。现阶段，已经有多个地区的政府部门将大模型技术应用到教育、医疗和就业等民生领域。

（1）助力打造智慧教育

大模型技术的应用可以为智慧教育的发展提供支持。目前，多地已经将大模型技术应用到教育领域，借助大模型来提高教育的智慧化程度，为教师教学和学生学习提供方便。

我国台湾地区教育事务主管部门综合运用大模型和语音识别技术开发出可用于教学的聊天机器人，该机器人具备主题情景式英语聊天功能，能够打造英语对话情景，并在情景中用英语与学生交流，在开展英语口语教学过程中发挥着重要作用。不仅如此，台北市还将 ChatGPT 融入线上教育平台，打造出可以为教师教学提供方便的自动出题系统和 AI 助教老师；台南市基于 ChatGPT 开发出具有多项教学相关功能的生成式 AI 辅助学习中介平台，可以为教师和学生提供提问引导教学、过滤不当信息、分析记录学习过程、即时诊断学习效果等服务。

除此之外，印度政府还利用全国教师平台 DIKSHA 的课程储存库来训练 ChatGPT，并将在线翻译软件融入其中，构建用于地方教育的本地语言知识获取平台。

（2）提升医疗卫生服务智能化水平

大模型技术在医疗领域的应用可以提高医疗卫生服务的智能化水平，为医护人员的工作提供方便。

美国卫生与公共服务部艾滋病防控网站将大语言模型应用到数据信息处理工作当中，以便高效处理各项疾病控制与预防相关数据信息，为医疗工作者快速做出正确决策提供支持；新加坡卫生部直属卫生信息系统公司新联科技（Synapxe）利用专业的 GPT 平台为医疗保健人员提供各项服务，该平台可以针对病患实际情况制定合适的疾病护理方案，也可以跟踪患者用药情况和健康状态变化，以便医生及时掌握病情。

（3）提供就业指导服务

大模型具备十分强大的数据分析能力，既可以为用人单位和求职者双方提供方便，提高双方匹配的精准性，也可以分析就业市场数据，为政府相关部门出台科学合理、有效的就业政策提供支持，在就业领域发挥着重要作用。

新加坡劳动力局综合运用 ChatGPT 和开源框架，开发出具备双向推荐和简历生成功能的职业助手，既可以精准匹配求职者和用人单位的招聘岗位，也可以根据岗位要求和求职者实际情况生成个性化简历摘要。

第 16 章

智慧社区：AI 赋能社区治理数智化

16.1 物业管理：提升物业运营效率

随着数字化、智能化技术的发展，人工智能与社会各个领域的结合度不断加深，带来了极大的便利，而在智慧社区的建设过程中，通过引入 AI 技术，不仅可以为社区居民带来更好的生活体验，同时能够提高社区的管理效能，赋能社区多样化场景。

物业服务水平决定着社区居民生活的安全性、便利性与舒适度，人工智能（AI）与物业服务的深度融合拓展了物业管理的服务边界与服务效能，具体表现在两方面：一是在智能算法的支撑下，人工智能能够结合实际需求运算出最优的资源分配方案，确保每户居民的需求都尽可能得到满足，同时减少不必要的资源耗费；二是通过监控与预测性设备，物业管理人员能够及时响应社区内的设施异常问题，降低意外事故的发生率，并实现预测性维护，延长设施使用寿命。

（1）AI 辅助管理

随着绿色社区、智慧社区建设的推进，保证社区管理过程中资源的合理分配、绿色应用，为居民营造舒适便捷的生活环境成为一项重要任务，引入AI技术为这项任务的完成提供了技术支撑。借助智能优化算法，AI能够分析居民的水、电等资源的历史使用数据，实现需求预测，为资源管理决策提供依据；根据居民出行数据，AI能够分析出居民的活动规律，从而智能调整公共区域的照明。另外，AI还能通过分析传感器收集的自然数据来调节社区内的温度、湿度等自然参数，提高环境的舒适度。

（2）电梯管理

作为社区的常用设施，电梯管理是物业管理的重要工作，其内容主要包括两方面：一是故障管理，二是运载效率优化。在集成传感器和AI算法的支撑下，智能电梯系统能够实时传回电梯的运行数据，识别异常变化，提前发出故障预警，提醒人员进行预防性运维，减少对居民生活的影响。此外，系统能够通过居民出行数据分析并生成等待时间最短的停靠方案，尤其是在早晚高峰时段，通过智能调度实现错峰载人，提升电梯的运行效率，满足社区搭乘量大、运载速度快的使用需求。

（3）消防管理

社区消防关系着社区居民的生命安全，各类事故灾害的监测、响应与预防是其工作重心。通过AI+物联网，物业管理人员能够实时接收传感器传回的环境数据，且系统能够自动识别参数异常，提前发出预警，提高意外事故响应速度。另外，通过对历史数据的分析，结合实时环境参数数据，系统能够实现意外事故预防，提高居民生活的安全性。

（4）视频监控

AI视频监控的使用能够帮助安保人员将闲散人员阻隔在外，降低犯罪事故发生率，提升社区居民的安全感。通过面部识别，系统能够实现居民和访客的规范化管理，自动完成访客登记，形成居民和访客的进出档案。通过行为分析，系统能够识别出行为异常的人员，并记录徘徊、逗留等异常行为，及时向安保人员发出预警，防止发生不良事件。

（5）品质管理

做好社区环境卫生和设施管理工作是为居民提供舒适、便捷的生活服务的前提，也是实现物业管理服务升级的关键。AI辅助能够汇集遍布社区各个角落的摄像头和传感器数据，帮助物业管理人员监测社区的清洁情况、绿化情况、设施运行状态等，一旦发现存在环境不达标或设施运行问题，将立刻向运维人员发送提醒信息，保证社区环境的整洁便利。

（6）人员通行

智能门禁系统 +AI 技术赋能社区人员通行，能够兼顾效率与安全。一方面，面部识别、指纹识别和 RFID 技术提供多种快速的身份验证方式，能够有效避免人员拥堵的情况，实现快速通行；另一方面，上述技术根据人体生物信息或专门的身份码完成识别，识别的精准度高，同时系统能够记录居民的进出时间，从通行角度有效保证社区安全。

（7）车辆通行

在车辆通行方面，智能 AI 通行系统能够辅助物业管理人员维护车辆通行秩序，实现车辆通行和停放的规范化。系统能够分析传感器传回的车辆信息，结合车辆的型号、车主的楼栋号等自动匹配最合适的车位。同时系统能够实现车位的动态利用，当监控显示出现空白车位时及时引导新的车辆停入，提高车辆的利用率。

16.2 公共服务：让社区治理更高效

社区公共服务是智慧社区治理的重要一环，通过引入 AI 技术，能够为社区居民提供更高质量的治安服务、网络服务和便民服务，提升社区居民的幸福感、认同感和归属感。

（1）社区治安

AI 技术在社区治安中的应用主要表现为对可疑人员、异常行为的识别与预警。AI 大模型会事先学习海量的人类行为数据，完成训练后，模型将具备识别人类行为的能力。在社区治安场景下，一旦出现行为异常的可疑人员，将迅速引起 AI 注意，系统将锁定可疑人员并对其展开轨迹预测，一旦察觉目标有危害公共安全的可能，将立即报告给安保人员。

（2）网络服务

社区内的智能网络服务在提升居民用网质量和保障网络安全方面表现突出。AI 网络服务助手能够监控全社区的网络使用情况，根据不同的网络负载自动调整带宽，合理配置网络资源，保证在任何时段网络都是通畅的。此外，AI 还能够监测 DDoS 攻击等黑客攻击，及时发出警报并溯源追踪，保障社区网络安全。

（3）便民办事

在 AI 的辅助下，社区能够成功实现数智化治理，达到“居民办事不出门”的服务效果。借助自然语言处理技术，AI 能够识别居民需求，快速检索出对应的信息，并通过线上导航服务引导居民通过终端程序自主完成申请、核验、查询等操作。例如，社区智能服务平台会定期更新社区管理信息，居民可自主查询，此外还可以通过该平台完成设施问题的上报、社区问题的反映等。

（4）社交服务

社区社交是团结社区居民、实现社区共治共享的重要途径，借助 AI 技术，能够打破时空隔阂，促进邻里社交，构建社区居民的线上交流空间——社区论坛，有利于居民之间的情感维系。

① 邻里社交。以 AI 为支撑的邻里社交平台，能够通过居民社交偏好与兴趣数据分析，帮助居民找到“志趣相投”的邻居；同时，AI 能够链接社会潮流，提供各种有趣的互动方式，进一步增进邻居间的感情，构建和谐的邻里关系。

② 社区论坛。智能社区论坛系统既为社区居民提供了有趣的精神文化活动空间，又为其提供了共建共治的话事平台。一方面，结合居民兴趣爱好，平台能够为居民提供个性化的话题推送；另一方面，论坛会根据话题热度向居民推荐社区内热点，居民可自由讨论并发表意见，有利于激发居民的社区主人翁意识，实现问计于民。

（5）数据服务

数据服务是智慧社区建设的基础，通过在信息发布、社区移动化服务和数据集成领域引入 AI 技术，能够提升社区管理的数字化水平，进一步释放数据在社区管理中的价值。

① 信息发布服务。AI 信息发布系统能够对社区所发布的信息进行分类，对于十分重要的信息，将自动推送给所有社区居民；对于次要的信息和服务，则结合居民的关注点和兴趣偏好有选择地定向推送，从而既保证了关键信息的传达，也满足了居民个性化的阅读需求。

② 社区移动化服务。通过与 AI 技术结合，智能移动服务平台实现了随时随地的服务供给，居民通过一部移动终端即可自由获取设施报修、信息查询、网上缴费等服务，大大节省了时间和精力。

③ 数据集成服务。AI 数据集成服务能够打造社区内部的数据综合体，实现数据资源的分类管理、有效串联和即时调取，提高社区数据资源使用的灵活性。此

外，通过对数据的分析，AI 系统能够提高社区管理者对社区运营状况的认知深度，辅助其进行决策，提升社区管理效能。

16.3 生活服务：开启智能生活体验

便民生活服务的本质是让居民的日常生活更便捷、更高效，AI 在这一领域的应用具体包括儿童成长陪伴、居家安全保护和智能家居等，在提升居民生活品质方面发挥着巨大作用。

（1）儿童成长陪伴

在 AI 大模型内嵌入相关的教育知识和教育技术，即可获得具有独立儿童辅导能力的 AI 教育助手。在与儿童相处的过程中，AI 能够不断收集儿童行为数据并分析学习，实现自我迭代，从而提供越来越贴合儿童性格的教育服务，实现定制化教学。在海量教育数据的支撑下，AI 能够为儿童提供丰富的教学资源，并结合实际科学地制订学习计划，通过电子督学功能保证学习效果，在节省家长精力的同时保证儿童的多维度发展。

① 儿童关怀。智能儿童关怀系统能够提高家长对儿童的监管能力，通过 AI+电子穿戴设备（智能手表、智能手环），能够实时收集儿童活动信息，并将分析结果同步至家长的移动追踪设备，在儿童误入危险区域或遭遇危险时快速向监护人发出预警。此外，该系统还能够记录儿童活动轨迹，在家长和儿童走散时帮助家长快速追回。

② 儿童看护。AI 看护系统能够代替家长实现儿童的贴身照料，利用摄像头和行为分析算法判断儿童状态，了解其行为状况、情绪状态等。当儿童出现危险行为、独自哭闹和长时间独处等情况时，系统将自动向家长发出警报。

（2）居家安防

智能居家安防系统能够识别居民居家活动中的安全隐患。在家庭监控和 AI 识别分析技术的辅助下，AI 安防系统能够及时识别出威胁事件，在检测到异常闯入、烟雾、煤气泄漏等问题后自动向居民或安防部门发出警报。

（3）智能家居

全屋定制的智能家电配合 AI 技术，能够根据居民设置或结合居民生活习惯自动调节空调温度、室内湿度、光照强度等，确保屋内环境始终处于体感最舒适的状态。此外，智能家居系统还能提供各种生活辅助服务，如穿衣建议、营养搭配等。

（4）社区教育

AI 辅助的社区教育平台拥有海量的教育资源，能够根据居民的学习需要生成个性化的学习方案，并检索出居民所需的教育资料。此外，AI 教育系统还有较强的交互能力，能够通过对话回答居民的学习问题，进行智能答疑，让居民的学习更加轻松有趣。

（5）无人货柜

在无人货柜中嵌入 AI 技术，能够实现商品的智能库存管理，使货柜供货更加贴合居民需要。AI 能够分析社区居民的历史购买信息，增加畅销品库存，并智能推荐关联商品，保证供货的连续性与精细化。

（6）无人超市

通过 AI 技术，智能无人超市能够提高商品布局的科学性，使居民购物更加便捷。AI 系统能够通过分析销售数据对商品进行分区摆放，如将购买率较高的日用品放置在靠近超市门口的区域，提高顾客购物效率。同时为顾客提供购物导航，并根据顾客意见进行服务优化。

（7）家政服务

AI 家政服务平台能够以需求为导向，实现居民与家政服务资源的精准对接，提升居民对家政服务的满意度。另外，系统会结合服务人员的技能、好评率和从业时间对家政服务人员进行分级，并对表现较差的服务人员提供业务指导，不断拔高社区整体的家政服务水平。

16.4 健康服务：社区智慧养老模式

随着老年人数量逐渐增加，社区服务的适老化发展成为必然趋势。通过将 AI 与养老服务相结合，能够促进社区养老、老年人关怀、老年人家庭看护等工作的开展，提高养老服务的数字化、智能化、个性化水平。

（1）社区养老

通过在社区养老服务中引入 AI 技术，能够提高养老服务的精细化程度，为老年人提供更加科学的健康管理。例如，智能手表或健康监测带能够实时采集佩戴者的心率、血压、活动量、活动时段等健康数据，通过 AI 分析形成被监测人个性化的健康画像，预测潜在疾病并及时告知监护人员，结合老年人健康需求提供科学的活动安排与习惯养成计划。

（2）老人家庭看护

智能家庭看护系统在独居老年人看护方面作用尤为突出，通过 AI，配合安装在家庭各个角落的摄像头与传感器，能够采集并分析老年人的日常生活数据，了解其生活状态，并通过行为分析判断老年人是否遭遇紧急情况，如老年人突然发出呼喊或长时间处于静止状态，说明其可能身体不适，此时系统会自动向监护人发出警报。

（3）老人关怀

AI 系统与社区活动相结合，能够丰富老年人的生活内容，为老年人提供精神慰藉，满足老年人个性化的情感需求。一则 AI 自带的人机交互功能能够为老年人提供对话、下棋、听书等服务；二则 AI 系统能够通过交互数据分析、行为识别、情绪识别了解老年人的精神需求，为其匹配社交伙伴，推介社交活动，让老年人的生活更具生机与趣味。

（4）社区医疗

智能医疗系统为实现居民居家医疗和线上诊疗、提升就医效率做出了较大贡献。通过 AI+ 居家医疗监测设备，系统能够快速采集居民的血压、脉搏等生理数据并进行分析，生成个性化的健康档案并提供有针对性的饮食、锻炼与用药建议。同时，智能医疗系统还能帮助居民线上预约医生与医院，一键发送就诊者病历信息，减少就医等待时间。

AI 健康服务系统能够整合居民所有的健康数据，形成多维度的健康数据档案，通过健康数据分析实现“数据体检”，并综合过往病史、生活习惯、遗传因素等影响因子实现疾病预测，提供精准的健康建议和诊疗康复指导。

AI 系统能够提供精细化的私人健康管理服务，在界面导入个人病史、行为习惯、饮食偏好和遗传信息等数据后，系统将综合各类营养因素，了解居民当前的身体状况，提供健康建议。另外，AI 系统还能够识别出潜在的健康威胁并向居民发出疾病警示，如检测到居民血糖、血压上升速度过快时，会提醒居民调整饮食、加强锻炼，以预防心脑血管疾病。

（5）心理健康支持

AI 在心理健康领域的应用能够帮助人们更好地了解自己的情绪，获得情感关怀。聊天机器人或情绪识别技术能够实时感知居民的情感状态，识别居民的情感需求并提供精神抚慰，或帮助其对接专业的心理咨询师。同时，AI 还能担任起社区心理健康知识普及员的角色，结合社区居民的需求，以大家喜闻乐见的方式普及健康知识，增强居民的心理健康意识。

第 17 章
智慧物流：AI 驱动的物流产业变革

17.1 智能运输：助力物流降本增效

人工智能致力于构建一种智能化系统，该系统具备人类的思维能力，能够在各个领域发挥与人类相当的作用，完成各项工作任务。近些年来，人工智能取得了显著进步，这主要得益于信息技术的发展和智能设备的演进。其中，信息技术包括计算机技术和通信技术，主要技术设施有运算系统、云计算平台、通信网络系统；智能设备则包括嵌入式设备、芯片、边缘计算机节点等。

随着大数据、云计算等信息技术逐步迈向成熟，人工智能在应用方面呈现出与特定产业或领域相结合的趋势，其中就包括物流产业。AI+ 物流将成为物流体系演化的重要方向，其应用框架如图 17-1 所示。

物流运行流程复杂，涉及众多的环节以及实物、资金、数据等各项要素，而人工智能对于复杂结构和海量数据有着非常出色的处理能力，可在物流领域发挥巨大作用。在技术支持方面，计算机视觉、自然语言处理、机器人等技术将持续推进人工智能与物流的融合应用，不断提升物流产业发展的智能化水平。

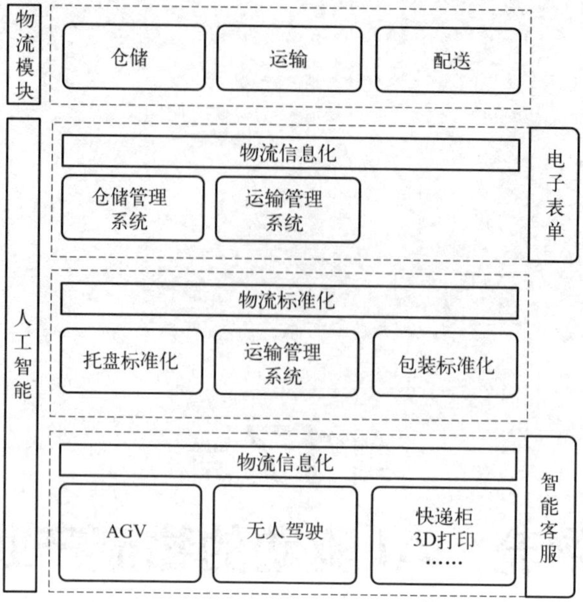

图 17-1　AI+ 物流应用示意图

在物流产业的技术架构中，人工智能可作为底层技术为物流领域的革新发展提供有力支撑，推动各项先进技术的应用落地，打造信息化、标准化、智能化的新型物流模式。具体来说，人工智能在物流领域的应用范围包括仓储、运输、配送各环节，下面将分别加以介绍。

运输是物流的基本环节，运输系统的运行效率和完善程度很大程度上决定了物流成本以及物流服务质量。依托人工智能技术构建智能运输系统，有助于实现运输系统的高效稳定运转。智能运输系统由无人驾驶系统和管理系统两部分组成，其架构和应用场景如图 17-2 所示。

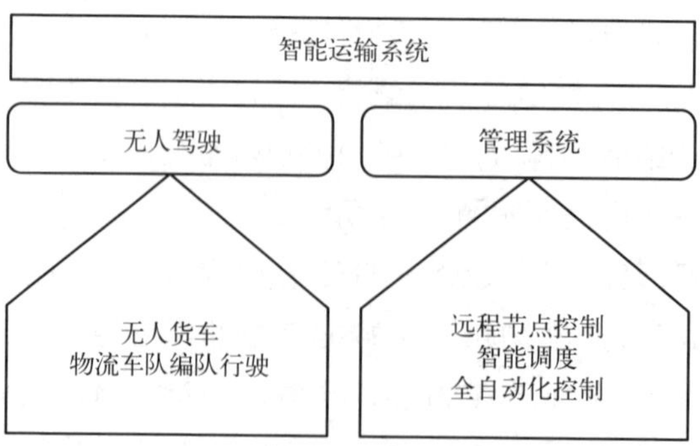

图 17-2　智能运输系统示意图

（1）无人驾驶

自动化控制能够显著提高物流运输效率，而无人驾驶是实现物流运输全自动化控制的重要技术路径，其应用场景有物流无人货车、物流车队编队行驶等。以下是无人驾驶技术的实现方式：为参与物流运输的车辆安装中央处理器，对车辆实施自主控制，在无须驾驶员操作的情况下做出加速、减速、转向、制动等驾驶行为。

（2）管理系统

管理系统的应用场景包括远程节点控制和智能调度，可运用人工智能算法分析运输车辆所处的环境，为车辆规划最优的行驶路径，辅助车辆做出合理决策。

相较于传统运输方法，全自动化控制物流运输无须人力参与，能够在节省成本的同时提升运输效率，是智能物流运输系统的主要实现手段。智能物流运输系统是物流智能化转型的重要倚仗，能够有效地保障物流系统的安全稳定运行，提升物流系统效率，为客户提供更加优质的服务。构建高质量的智能物流运输系统，需充分利用人工智能、神经网络等技术，打造完善的技术平台。

17.2 智能仓储：实现仓库精准管理

仓储是物流的核心环节。仓储物流的运行过程涉及多方面的数据，包括订货信息、库存管理、货物出入库等，数据规模大且复杂度高，同时还需要进行频繁的数据操作。

服务于物流产业转型发展的需求，应积极推进仓储环节的信息化、智能化、自动化建设，运用人工智能技术构建智能仓储系统，在智能化和精细化管理的驱动下优化仓储业务流程，实现仓储环节的高效有序运行。

智能仓储系统的架构如图 17-3 所示，下面将逐一介绍其各组成部分。

（1）搬运系统

智能仓储系统的搬运系统主要由以下设备组成。

① 穿梭车（rail guided vehicle，RGV）：又称轨道式自动导引车，为自动化仓储物流系统的专用配套设备，应用形式包括立体仓库周边设备和独立系统。

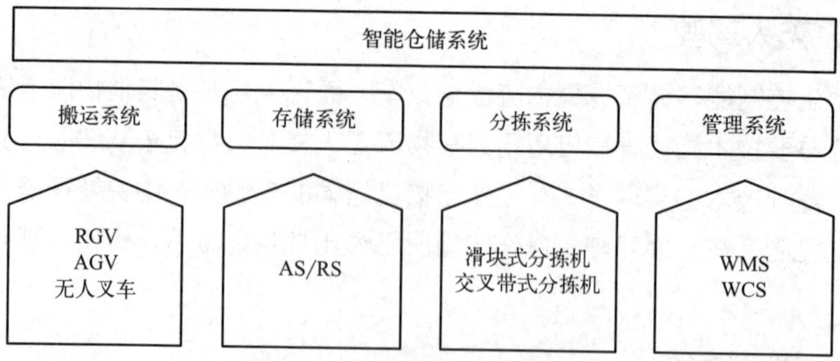

图 17-3　智能仓储系统示意图

② 自动导引小车（automative guided vehicle，AGV）：在激光或电磁导引装置的驱动下实现自主运动，动力装置为蓄电池，用于执行货物的分拣和搬运任务，同时配备了安全防护和移载功能。工业领域的 AGV 无须驾驶员操作。

③ 无人叉车：在搬运系统中，无人叉车主要负责搬运体积和重量较大的物件。

智能仓储系统的搬运系统能够显著提升搬运工作的效率，系统的各项设备均实现了高度自动化，可自动执行任务并补充动力，且使用便捷，操作灵活性强。

（2）存储系统

存储系统的主要组成部分为自动化立体库（automated storage and retrieval system，AS/RS），亦称高架库、高架仓库。该设备运用了计算机控制技术，引导搬运设备自动执行货物的入库和出库操作，以充分地利用仓储空间，确保货物和信息处理的准确性。此外，围绕自动化立体库，存储系统还配备有高层货架、输送机等辅助设施。

（3）分拣系统

分拣系统的组成部分包括控制装置、分类装置、输送装置、分拣道口，主要目标是实现分拣作业的自动化。目前常用的自动分拣设备有滑块式分拣机、交叉带式分拣机等，这些设备在货物分拣的效率和稳定性上表现出色，能够大幅节省分拣环节的运营成本。另外，前面介绍搬运系统时提到的 AGV 也可用作分拣工具。

（4）管理系统

管理系统由仓库管理系统（warehouse management system，WMS）和仓库控制系统（warehouse control system，WCS）组成。在人工智能算法的协助下，两系统对仓库实施精细化管理，具体管理操作包括指导机器人执行搬运任务、合理匹配货物与货位、维持库存健康等，以提升仓储系统运行效率，优化仓储流程。

智能仓储是人工智能技术与物流融合的典型范例，在技术上强调数据感知和算法的指导作用，并广泛采用机器人。智能仓储能够显著提升仓储系统运行的效率，有效地保障仓储安全，为物流的健康运转提供重要支撑。

17.3 智能配送：打通“最后一公里”

物流配送环节关系到整体的物流效率和成本，同时也会对物流服务商与客户间的关系产生重要影响。因此，需利用人工智能技术实施物流配送环节的优化，构建智能配送系统，提高配送服务的效率和质量，进而提升客户满意度。

智能配送系统的架构如图 17-4 所示，下面将逐一介绍其各组成部分。

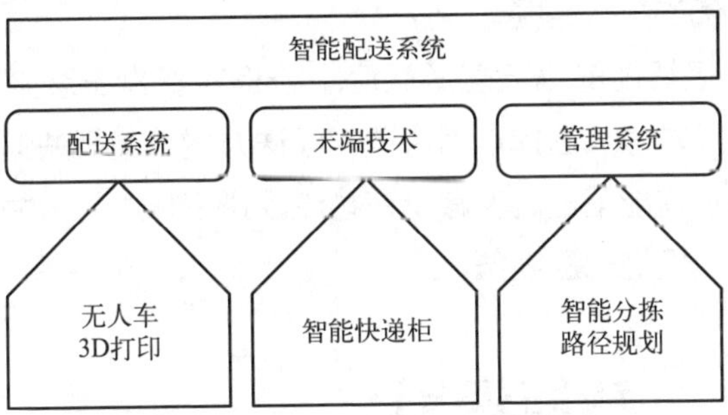

图 17-4　智能配送系统示意图

（1）配送系统

配送系统用到的技术有无人车和 3D 打印。无人车从调度平台接收到配送指令后，会自动规划前往目的地的最优路径，在最短的时间内将货物安全地送达指定地点；3D 打印则主要用于生产消费者定制的产品。考虑到消费者对定制化产品需求日渐增长，未来可能会形成“3D 打印 + 同城配送”物流经营模式，目前相关的技术还在探索当中。

在机器学习和深度学习的帮助下，智能配送系统实现了自动化的无人物流配送。智能化无人配送能够有效地解决过去物流配送存在的问题，包括配送时间过长、货物易丢失或损坏、人力成本高等。

（2）末端技术

智能配送系统的末端技术包括智能快递柜和无人派送车。目前，智能快递柜已在国内部分城市实现商用，不过其存在成本高昂、便捷度低、用户缺乏信任、盈利空间有限等诸多问题，推广应用受到一定阻碍。所以，未来的快递末端将主要采用固定收货点和无人车配送相配合的模式，先将货物送至作为收货点的“驿站”，而后由无人车将货物配送至客户手中。

目前，国内已有多家企业开始使用融合了人工智能技术的无人配送车。车辆装有控制中枢，能够自主规划最优的配送路线，并在配送途中主动躲避障碍物，在将要送达时会向用户发出取货提醒。

（3）管理系统

在人工智能技术的驱动下，智能配送系统的管理系统具备智能分拣、路径规划等功能。管理系统设有智能调度中心，负责采集配送系统数据并进行分析运算。根据数据分析结果，调度中心引导机器人执行智能分拣操作，提升分拣作业效率，并为配送者规划最优的配送路径。

未来，基于人工智能的物流配送调度中心将实现真正意义上的智能配送。决策系统可根据用户需求为其选择最为合适的配送方式，包括快递柜领取、无人车或快递员配送上门等。智能配送能够减少在物流配送工作中的人力投入，同时使消费者享受到更加高效便捷的配送服务。

17.4 智能识别：计算机视觉的应用

计算机视觉旨在赋予机器以人的视觉功能，让摄影机、计算机等设备发挥人眼的作用，完成目标识别、跟踪、测量等与视觉相关的任务。另外，计算机视觉还可用于图像处理，转换得到更易于观察和检测的图像信息。

在人工智能领域，计算机视觉技术的应用场景有图像分类、目标跟踪、对象检测等。目前，物流活动中的非结构化数据日渐增多，包括图像、音频、视频等，要想充分利用这些数据，需要先对其做出准确识别。利用深度学习技术可完成非结构化数据的转化，以便于数据的处理与使用。

另外，随着物流产业的持续发展，许多场景已超出人力的应对极限。例如，在高速运转的流水线作业中，仅依赖人工目检难以保证效率与准确性。因此，需要在物流领域引入计算机视觉，在自动化和智能化的驱动下确保物流的高效稳定运转。

具体来说，计算机视觉在物流领域有以下应用场景。

（1）仓储监控

计算机视觉拥有视频识别技术，可用于仓储系统的实时监控管理，识别货物堆积、货物损坏、通道阻塞等异常状况，并及时采取处理措施，确保仓储系统的健康规范运转。

（2）库存管理

借助图像识别技术识别仓库中货物的信息，包括其品牌、规格等，并运用目标检测技术标注货物，实现自动化库存管理，降低人力成本。

（3）形状识别

计算机视觉拥有形状识别功能，能够迅速而准确地识别出货物的形状，使分拣机器人得以按照形状完成产品归类，提升空间利用效率和货物的配送效率。

（4）行为识别

利用计算机视觉的视频识别技术监控场站现场的状况，及时发现员工的不规范操作，并予以提醒和纠正，以保障员工的人身安全和物流活动的正常进行。另外，还可借助视频识别技术分析员工工作时的行为表现，根据分析结果给予员工恰当的指导，以提高其工作效率和质量。

（5）表单识别和电子录入

物流行业需要用到很多的表单和文档，计算机视觉拥有结构化识别功能，能够快捷地识别纸质表单内容并录入电子系统，从而省去烦琐的人工录入工作。印章是文件的关键信息，计算机视觉可定位并提取扫描件或是图片中的印章，检查印章信息是否正确。另外，表单文档中经常出现手写内容，计算机视觉可准确识别手写文字或符号表达的信息，完成对文件的数字化处理。

6

第6篇

AI+企业

第 18 章 数据 AI：从数据分析到智能决策

18.1 数据智能对企业决策的影响

近年来，市场竞争对企业发展所造成的影响日渐突出，企业需要充分认识到管理和决策的重要性，并将企业管理和企业决策作为自身发展的核心要素。随着科技的发展和社会的进步，企业发展对大数据的依赖性逐渐升高，为了充分适应并灵活应对大数据在规模和内容等方面的变化，企业亟须对管理和决策进行改革。

企业在决策和制订发展规划的过程中，需要广泛采集和深度分析产品市场发展状况、自身发展情况等相关信息，而大数据可以为企业获取这些数据信息提供强有力的支持。

在决策过程中，企业需要广泛采集自身投入市场的各类产品的数据，并对这些数据进行分析，还要根据数据分析结果对管理和决策进行优化调整，确保决策的有效性，以便集成各项已有资源，借此找准发展方向。

在大数据时代，企业发展决策过程中通常有大量数据信息涌入，这些数据信息可能存在一定的诱导性和矛盾性，在大量数据信息资源的影响下，企业决策的复杂度进一步升高，甚至导致企业陷入误区，做出错误判断，进而影响企业决策的正确性和有效性，给企业的发展造成阻碍。

（1）大数据对决策环境的影响

就目前来看，大数据已经成为影响企业决策的重要因素。大数据系统和数据信息储存网络的覆盖范围极广，且大数据网络系统可以帮助企业采集大量市场数据信息，为企业的管理、决策和规划提供数据层面的支持。

近年来，云计算技术逐渐被应用到企业决策中，企业可以利用云计算技术实现对决策发展情况的预测，并据此选出正确高效的发展通道。在云计算技术的支持下，企业应提升自身的数据信息保存能力，并充分利用自身所保存的各项数据信息来进行决策。

除此之外，大数据还会影响企业决策的科学性。大数据系统对决策形式和决策过程进行了一定的创新，基于大数据的决策可以减少人在决策过程中的参与，从而避免出现由人的主观因素导致的决策失误，保证决策的科学性。

（2）大数据对管理决策的影响

大数据对企业本身的影响主要表现在决策和管理方面。一般来说，企业的人员构成主要涉及管理人员和基层工作人员。其中，企业的管理人员具备一定的管理权限，能够在较大程度上影响企业的管理决策和发展方向；企业的基层工作人员的职业素养和技能水平相对较低，并不具备较高的企业管理权限，但可以在企业运营过程中采集各项产品的市场反馈信息。

大数据在企业决策中的应用可以从数据和市场选择方面为企业的发展提供助力。具体来说，在数据方面，数据是支撑企业管理和决策的重要资源，具有较高的价值性，但同时也导致企业在管理和决策方面需要花费的成本不断升高，因此企业需要把握市场数据信息的变化情况，并据此进行不同的决策；在市场选择方面，受市场竞争、市场变化等因素的影响，企业需要构建数据信息决策系统，并借助该系统来进行决策。对企业来说，可以借助这些措施来保证数据信息和数据决策的有效性。

（3）大数据对决策文化的影响

一般来说，决策主体的特点与决策内容之间关系密切。企业决策主体通常具有一定的主观性，在决策过程中会受个人偏见影响，有选择性地分析数据，进而导致整个决策系统受到决策主体的主观性的影响，甚至导致企业决策的科学性和有效性大打折扣。

大数据决策系统可以降低决策主体在决策过程中的参与度，避免决策主体的主观性对企业决策造成负面影响。在大数据的决策环境中，企业可以借助各项数据信息来提升决策的科学性，同时企业在决策过程中也要综合考虑企业文化等因素的影响。由此可见，企业的决策者应从自身实际情况出发，全方位考虑可能会影响到决策的各项要素，并合理应用各项数据信息，充分发挥数据系统平台的优势，优化调整自身的决策和管理方式，提升企业决策的科学性和有效性。

18.2 基于大数据的企业决策系统

就目前来看，大数据已经融入人们的日常生活，并被广泛应用到各个领域。与传统数据相比，大数据是一个收集数据的系统集合，大数据系统能够快速完成数据采集、数据处理等任务。

从数据体系上来看，大数据呈现出了海量性的特点。现阶段，大数据的最小存储单位为 TB 存储量，企业可以从庞大的数据库中获取许多所需数据用于决策，充分保证决策的科学性、合理性和有效性，进而为企业的发展提供支持。

从数据类型上来看，大数据能够将数据信息划分成结构化数据和非结构化数据两种类型，具有多样性的特点。在企业管理方面，大数据系统可以帮助企业构建起属于自身的数据库系统，并自动对企业的各项日常生产经营信息进行分类保存，同时对这些数据进行分析，为企业明确当前的发展情况和未来的发展方向提供支持。

从数据处理速度上来看，大数据系统可以综合运用各项先进技术实现对各项数据信息的高速处理，为企业迅速将各项数据信息转化成生产力提供支持；同时，大数据技术的应用也促进了信息传播媒介的发展，企业可以通过多种渠道及时获取产品的最新变化形式等各类市场竞争相关信息，及时把握市场竞争情况和产品市场状况，并据此作出有效决策。

就目前来看，数据分析是企业进行大数据应用管理决策的过程中必不可少的环节。传统的数据分析会受到成本、企业发展等因素的限制，难以实现对大数据的深入分析，也无法获得显著的分析效果，在企业管理决策方面所发挥的作用较小。因此企业需要借助低成本的平台来处理各项数据信息，在减少成本支出的同时确保决策的有效性。

传统决策指的是利用企业内部数据信息进行决策，存在较大的局限性，受限于较少的一部分人，难以全方位反映市场信息。在大数据时代，决策具有较强的开放性，且企业利用各项先进技术对决策系统进行了优化升级，增强了决策系统的大数据适应能力，让企业管理者可以利用决策支持系统来灵活应对决策环境变化，并在此基础上作出有效决策。

不仅如此，企业还应基于大数据平台和决策支持系统构建属于自身的数据库，并在该数据库中对各项数据信息进行分类，同时设计合理的数据冲突系统，有效控制各层之间的数据冲突，避免出现决策复杂化的问题。在大数据时代，企业需要充分把握信息的共享特征，搭建开放的群体合作和群体开发决策的共享平台，并利用集邮效应进一步拓展共享思维，提升企业决策发展的前沿性。

从企业决策管理者的角度来看，管理决策的创新不仅与技术的创新发展和应用有关，还涉及管理方式创新和决策观念创新。在大数据时代，企业需要根据自身实际情况持续革新发展细节，并科学合理地运用大数据系统，增强自身的市场竞争力，借助基于大数据的管理决策来为自身在市场竞争中获得胜利提供充足的保障。

18.3 AI 技术在企业管理决策中的应用

人工智能技术已深度融入企业管理决策的多个环节，如数据分析、流程优化、决策支持、战略规划、客户服务等。随着 AI 技术的快速发展，其在企业管理决策中的效能日渐突出，企业可以充分发挥 AI 技术的作用，进一步提高运营效率，强化自身竞争优势。

（1）AI 在数据分析中的应用

近年来，大数据、人工智能等技术飞速发展，AI 在企业数据分析中所发挥的作用日渐突出。许多企业开始利用深度学习、机器学习等算法模型高效处理数据，从中获取有价值的信息，并提升预测精度，进一步优化决策。

① 企业可以利用自然语言处理技术分析各项相关文本数据，充分理解客户需求，深度把握客户反馈信息，并据此优化服务，提高产品质量。

② 企业可以利用图像识别技术自动分析视频监控数据，并据此展开安全监控工作，以便及时发现和处理各类异常事件，强化安全保障。

③ 企业可以利用 AI 大模型技术自动分析和优化业务流程。以供应链管理为例，AI 大模型技术的应用可支撑企业实现对库存水平的检测和对需求变化情况的预测，助力企业合理安排和灵活调整生产计划以及物流配送计划。

总而言之，AI 在企业数据分析中的应用既可以提高数据处理效率，也可以提高决策的灵活性和智能化程度，增强企业对市场变化的适应能力，助力企业实现可持续发展。

（2）AI 在预测分析中的作用

近年来，大数据、机器学习等技术快速发展，并逐渐被应用到企业管理决策中，AI 的预测分析作用日渐突出，逐渐成为企业决策者获取前瞻性见解的重要工具。对企业来说，可以利用 AI 快速处理和分析大量数据信息，并根据数据分析结果预测市场趋势、需求变化及供应链风险。

具体来说，在预测分析环节，AI 主要发挥着以下几项作用。

① 市场预测：分析消费者的购买历史、消费行为、社交媒体互动等数据，利用 AI 算法预测未来一段时间内的消费需求和消费偏好，并根据预测结果优化完善市场策略和产品开发计划。

② 财务预测：利用深度学习、预测分析等算法预测企业的销售趋势和财务状况，并根据预测结果制定预算方案，优化资本分配和投资决策，以便进一步提高资金使用效率，有效规避财务风险。

（3）AI 在优化流程中的应用

就目前来看，AI 在企业管理决策领域的应用越来越广泛。例如，在流程优化方面，AI 技术的应用可以识别和处理企业中的潜在问题，助力企业实现高效率、高精度、低成本运营。

一方面，AI 具有较高的自动化程度，可以代替人力自动完成数据输入、文件处理等日常任务，让企业员工将更多时间和精力投入价值更高的工作当中。以供应链管理为例，AI 技术可以用于分析市场趋势和历史数据，根据数据分析结果自动调整库存水平，保证供需的稳定性，提高资源的利用率和利用效率，有效防止出现过度生产、缺货等问题。

另一方面，深度学习、机器学习等 AI 算法可以快速处理大量业务流程数据，挖掘出其中隐藏的模式和规律，以便企业据此调整策略，优化流程。以客户服务为例，AI 技术的应用可以有针对性地向用户推送个性化的产品和服务，有效提高用户的满意度。

除此之外，AI 还具备监测功能，可以实时监测各个环节和流程，如生产、质量控制等，及时发现和处理各类异常问题，防止问题恶化，增强企业的突发事件应对能力，保障企业的安全性和可靠性。

综上所述，AI 技术的发展和应用有助于企业提升管理能力，优化管理流程，提高经济效益和设备效益，但同时也可能引发伦理道德、技术风险等方面的问题，因此，在使用 AI 技术的过程中，企业还需充分保证 AI 系统的公平性、安全性和透明性。

18.4 基于数据 AI 的决策支持系统

近年来，AI 技术的成熟度越来越高，在构建企业决策支持系统（decision support system，DSS）过程中的应用也日渐广泛。具体来说，DSS 是一个融合了计算机技术、仿真技术和信息技术的管理信息系统，可以充分发挥数据分析和模型预测的作用，为企业管理层做出科学、合理的决策提供支持。

机器学习、深度学习、自然语言处理等 AI 技术的应用能够推动 DSS 升级发展。在这些 AI 技术的支持下，DSS 可以自动采集、整理和分析各项企业内外部数据，帮助企业充分把握市场趋势，了解市场竞争情况和客户行为，从而据此快速做出科学合理的决策。

（1）决策支持系统的基本概念

DSS 融合了多个学科的知识和技能，集成了信息支持、模型模拟、决策分析等多种功能，能够为企业管理者在复杂环境中做出正确决策提供强有力的支持，充分保证决策的科学性、合理性和高效性。

从概念上来看，DSS 主要涉及的内容如表 18-1 所示。

表 18-1　DSS 主要涉及的内容

内容	要点
信息处理能力	DSS 可以广泛采集企业内外部数据，并利用数据挖掘、数据分析、知识发现等技术对这些数据进行处理，从中获取有价值的信息，支撑企业据此做出正确决策
模型库	DSS 可以充分发挥各项预定义的数学模型和算法的作用，利用模型来模拟现实世界中的决策场景，为企业分析和评估各项相关方案提供支持
知识库	企业可以分析、学习和参考知识库中的专家知识、历史决策经验和行业最佳实践
用户接口	DSS 的用户界面具有直观、清晰等特点，能够为各类用户使用系统分析决策和评估方案提供方便
交互性	DSS 具有人机对话功能，用户可以使用该功能与系统交互，在交互过程中根据自身情况适当调整模型参数，进而实现对决策过程的优化
适应性	DSS 具有较强的灵活性和可扩展性，可以适应多种决策环境，灵活处理各类相关问题，满足不同的决策需求

一般来说，DSS 可以在战略规划、市场营销、生产管理、财务分析等多项工作中发挥作用，尤其是在人工智能技术的支持下，DSS 的智能化程度进一步提升，智能推荐、预测分析、优化决策等功能得到强化，在企业决策中所发挥的作用也更加显著。

（2）基于数据 AI 的企业决策支持系统设计

近年来，人工智能技术飞速发展，企业亟须借助 DSS 来提高决策效率和决策质量。有效的 DSS 既可以为企业提供数据驱动的洞察，也可以为企业落实战略规划、风险管理、日常运营决策等工作提供支持。从实际操作上来看，企业在利用 AI 技术设计 DSS 时需要先明确 DSS 的目标和功能。

具体来说，有效的 DSS 应具备的功能如表 18-2 所示。

表 18-2 有效的 DSS 应具备的功能

功能	要点
数据集成与处理	系统应具备数据整合、数据清洗、数据转换和数据分析功能，整合、清洗、转换和分析内部运营数据、市场数据、财务数据等多个来源的数据，在数据层面为企业做出正确决策提供支持
预测与分析	系统应融合回归分析、时间序列分析、聚类分析、分类算法等多种机器学习算法，并利用这些算法分析各项历史数据，及时发现异常问题和潜在风险，把握市场趋势，为企业预测未来的业务表现和潜在风险提供支持
智能推荐系统	系统应充分发挥自然语言处理（natural language processing，NLP）和知识图谱技术的作用，充分理解决策需求，并有针对性地向企业推荐最佳实践、战略建议和风险规避策略，为企业决策提供参考
可视化工具	系统应具备一定的设计能力，为企业提供直观的图表和仪表板，为企业相关决策人员查看关键指标、趋势和预测结果提供方便，支撑其根据数据做出正确决策
交互式模拟	系统应配备开发模拟工具，支持企业的相关决策人员在虚拟环境中测试和评估各项战略，衡量实施不同战略的风险
适应性与可扩展性	系统应具有较强的适应性和可扩展性，能够根据需求变化灵活调整，并为未来集成大量数据源和分析工具提供支持
用户友好的界面	系统应具备简洁直观的用户界面，充分保证整体可用性和接受度，降低使用的难度和复杂度，为企业的相关决策人员使用系统提供方便
安全性与隐私保护	系统应符合最新的数据保护法规，充分保护企业数据安全，防止出现隐私数据泄露等问题
持续学习与优化	系统应具有强大的自我学习和优化能力，能够快速获取大量数据和反馈用于自我优化，以便不断提高决策的准确性和有效性

对企业来说，可以据此设计一个高效化、智能化、可用性强的 DSS 系统，并利用该系统提高决策质量，增强自身的竞争力和市场适应能力。

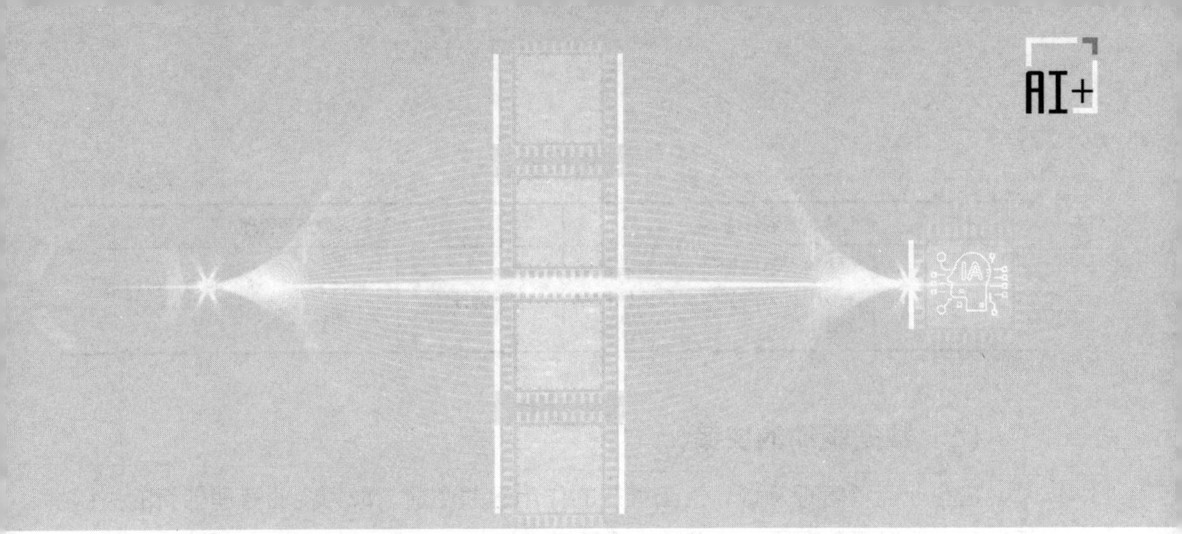

第 19 章 智能 HR：驱动人力资源管理变革

19.1 AI+HR：颠覆传统 HR 管理模式

目前，人工智能技术正在重塑企业传统人力资源管理模式，其影响体现在招聘、员工培训管理等各个环节，起到提升效率和决策水平的效果，形成智能化的人力资源管理模式，这是相对于传统人力资源管理的全方位进步。传统与智能人力资源管理对比如表 19-1 所示。

表 19-1　传统与智能人力资源管理对比

传统人力资源管理		智能人力资源管理	
经验性和主观性	依赖已有经验和主观判断，导致决策不够客观和理性	数据化和客观性	基于数据分析，提供客观指标和建议，不受主观评价的干扰
标准化和流程化	注重标准化和流程化，忽视个性化需求，难以充分激发员工的潜力	个性化和敏捷性	根据员工需求提供个性化服务，提高员工满意度和组织敏捷性
碎片化和模糊化	依赖片面数据和感性判断，无法提供量化标准或精准分析，导致决策不够清晰和准确	全面性和清晰化	基于完整数据进行全面分析，并提供清晰明确的建议

续表

传统人力资源管理		智能人力资源管理	
滞后性	倾向于总结规则，而缺乏前瞻性分析，无法洞察人员结构和业务变化	前瞻性	具备预测性分析能力，可以提前发现潜在风险

（1）数据驱动的决策

在企业运营管理领域，人工智能的作用日益凸显，成为企业管理创新的关键驱动。人力资源管理是企业管理的重要组成部分，也是人工智能的主要应用领域。在人工智能的作用下，数据将取代经验成为人力资源管理的核心要素，有助于提升人力资源管理的效率和精细度。

作为处于创新前沿的顶尖企业，谷歌在人力资源管理方面也借助人工智能积极寻求创新。谷歌使用人工智能进行员工兴趣分析，发现研发部门有接近三分之一的员工对AI显示出兴趣。根据这一观察结果，谷歌开展了AI技术培训，从兴趣入手充分调动起员工的工作积极性，实现了技术研发成果与员工满意度的“双丰收”。

零售业巨头沃尔玛则借助人工智能分析人员流动情况。公司得到的数据显示，在入职18至24个月内离职的员工占到新员工总数的大约27%。通过数据分析，沃尔玛发现这种现象背后的原因在于员工晋升速度和薪资上涨情况方面存在问题，于是便在晋升制度和薪资设置上作出针对性调整，一定程度上缓解了公司人员流动过于频繁的问题，员工离职率降低了8%。

IBM将人工智能应用于招聘环节，基于数据对各个招聘渠道展开分析评估，发现领英平台的录用转化率最高，有23%的面试者最终能够得到录用，而其他招聘渠道的这一数据最高不过15%。根据此分析结果，IBM将更多的招聘资源投入领英平台，有效提升了招聘效率。

（2）实时反馈与互动

沟通交流是企业人力资源管理的关键环节，企业需重视员工的实时反馈和互动。AI能够为反馈和互动环节带来正向改变，实现更加顺畅的实时交流，提高员工参与互动的积极性，鼓励员工给出真实的反馈信息，起到优化企业决策的效果。

Adobe公司通过人工智能与多达500名应聘者展开在线实时互动，大幅提高了筛选效率，在24小时的时间内筛选进度就已达到90%，并且仅用5天的时间就完成了整体的招聘工作。

特斯拉将人工智能应用于员工培训，使员工得以在短时间内掌握新机器的使用方法，快速投入生产当中，有助于提升交付效率，加快对市场的响应速度。

阿里巴巴在人工智能的驱动下召开企业文化研讨会，为员工提供反馈和互动渠道，广泛采集员工提出的意见和建议，巩固企业的文化根基。

雀巢公司借助人工智能收集员工对新产品的反馈意见，据此进行产品上市前的优化，展现出对员工意见的尊重，同时通过有效的互动反馈达到提升产品竞争力的效果。

（3）个性化人才管理

Z世代指出生于1995至2009年间、在网络信息时代成长起来的新时代人群。随着时间的推移，越来越多的Z世代进入职场，他们的思想观念与上一代人相比已经发生了较大的改变，需要企业采取与过去不同的人员管理策略。

总体来说，Z世代更加注重工作与生活的平衡，同时他们希望根据自己的目标和追求实现个性化发展。因此，越来越多的企业选择个性化的人才管理方式。

谷歌推出了运用人工智能技术的“Garage Digital”平台，员工可根据自身需求在平台学习相关的知识和技能，实现个性化发展。

中国石油天然气集团有限公司运用大数据和人工智能绘制员工画像，为每一位员工分配与其能力和追求相适配的业务，此举有助于提升员工的积极性和主动性。

埃森哲利用人工智能实施绩效管理改革，不再采用年度绩效评估的传统方式，而是随着工作的进行实时评估员工绩效，同时鼓励员工开展自我评估。新绩效管理方案实行后员工满意度出现了显著增长。

微软借助人工智能改进内部沟通方式，考虑到每名员工的沟通习惯，使项目成员间基于沟通建立起更加有效的协作关系，促进工作效率的提升。

19.2 人才招聘：实现人才筛选智能化

人力资源管理需要处理大量的简历，从中筛选出符合条件的应聘者，而后还需花费大量时间进行每一位应聘者的面试工作，整个流程工作强度极大，且不能保证选出最合适的人选。此外，由于渠道的限制，企业在招聘过程中无法与候选人进行有效互动，这是人才招聘中需要改进的一点。针对传统招聘模式存在的问题和局限性，人工智能可提供有效的解决方案。

在人工智能的作用下，企业的招聘流程将得到优化，显著提升招聘效率，同时对候选人的分析将更为全面深入，可以更加精准地筛选出符合业务发展需求的候选人。人工智能支持下的精准高效招聘如图 19-1 所示。

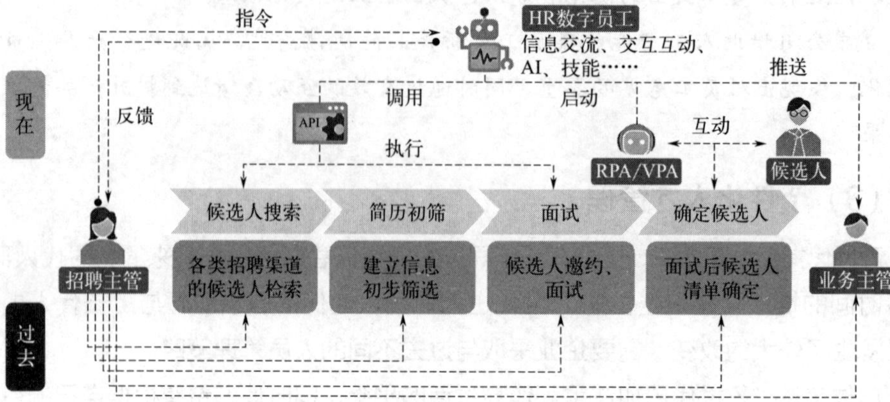

图 19-1　人工智能支持下的精准高效招聘

针对人工智能在招聘中的应用，许多企业已展开实践，比如联合利华等企业将人工智能引入面试环节，在更短的时间内筛选出匹配度更高的候选人。谷歌作为人工智能和大数据领域的杰出企业，在运用人工智能进行招聘优化方面也取得了突出成果。

谷歌结合大数据和人工智能处理简历，基于模型筛选出具备较高潜质的候选人。同时机器学习算法也能够在筛选环节发挥关键作用，有助于实现精准高效筛选。谷歌在面试环节采用结构化面试的方法，候选人通过面试后还将接受工作样本测试。总之，谷歌通过以上各种手段提升了招聘质量，从人力资源入手增强了企业竞争力。

具体来说，招聘过程中人工智能的功能和作用体现在以下三个方面。

（1）自动化简历筛选

传统人工筛选简历的方式不仅效率低，同时选择的公平性还很容易受到 HR 主观意见的影响。而借助人工智能可实现自动化简历筛选，能够在最短的时间内筛选出最符合岗位需求的简历，兼顾筛选的速度和客观性。比如人工智能初创公司 Pymetrics 将神经科学应用于候选人评估筛选，通过新颖的在线游戏的形式得到能力评估结果。

（2）智能面试问题生成

过去的面试问题由 HR 设置，这些问题多数从 HR 的视角出发，没有充分考虑到不同候选人的具体情况，存在针对性不足的问题。而利用大数据和人工智能可为每一位候选人设计定制化问题，使面试能够更加充分地反映候选人能力。比如美国科技公司 Vervoe 开发出一款基于人工智能的定制化测试系统，能够根据候选人信息生成个性化面试问题，并在面试结束时给出评分，使企业面试过程更加高效，面试结果更为客观精准。

（3）候选人综合评估

除简历信息和面试表现之外，企业可能还需要在其他方面进一步了解候选人，而运用人工智能可对候选人进行综合评估，比如通过实时交流互动可对候选人的表达能力作出评价。深感科技公司运用人工智能分析候选人在社交媒体平台上的表现，据此洞察候选人的观念、行为方式等，增进企业对候选人的认知，使企业得以在掌握充足信息的基础上做出更为合理的决策。

综上，人工智能技术的广泛应用引起了企业招聘的深刻转变，促进招聘沿着高效、客观、精准的方向持续发展，使企业和人才双方共同受益。

19.3 员工培训：搭建数字化学习平台

持续变动的市场环境不断对企业员工提出新的要求，同时年轻员工也更加看重个性化发展，在这样的背景下，企业需要改变传统的员工培训模式，确立个性化培训方案，提高员工素质和企业竞争力。将人工智能应用于员工培训，能够有效地提升培训质量，强化员工单位时间内的学习效果，从而促进企业的人才发展。人工智能驱动的人才培训模型如图 19-2 所示。

IBM 借助人工智能为员工提供定制化学习服务，其人工智能系统可根据每名员工的具体情况为其规划个性化课程和发展路径，实现学习者和学习方案的高度适配。IBM 推动的个性化学习让员工学习变得更加高效，取得了更为可观的学习成果，因此受到员工的普遍认可和赞赏，许多员工纷纷表示在这种模式下自己的学习热情更高，学习的动力更强。

实时反馈是培训学习的关键环节，员工能否得到精确及时的反馈将在很大程度上影响学习效率和成果。

埃森哲运用人工智能技术开发出智能化学习平台，该平台可实时跟踪员工学习进度，分析当前知识方面存在的短板和薄弱环节，协助员工进行有针对性的强化提升，在平台的帮助下，员工的学习效果有了显著提升。

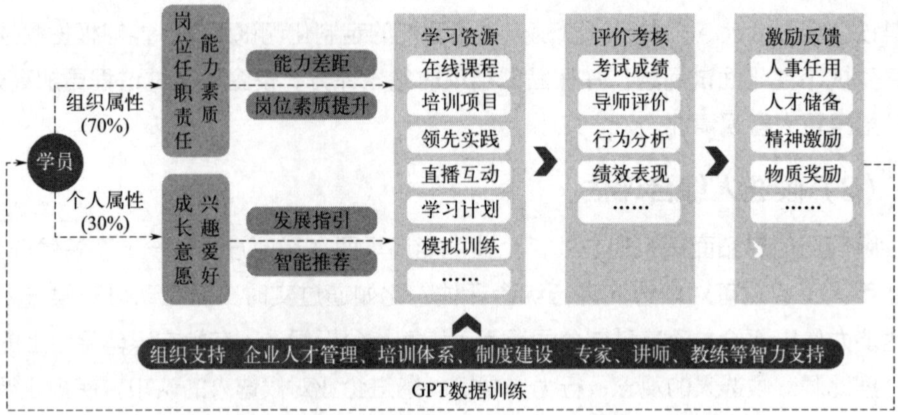

图 19-2 人工智能驱动的人才培训模型

互动性是人工智能学习的主要特征，与学习者单向接受知识的传统模式相比，互动学习在深度和广度层面具备明显优势，能够取得更好的学习效果。

谷歌基于人工智能技术开发员工在线学习平台，平台提供各种模拟场景，供员工通过实际操作的方式进行学习，充分发挥员工在学习过程中的主动性，锻炼员工的实践能力和知识运用能力。

商业环境变动不居，因此对于职场员工而言学习是永无止境的，员工需要通过持续学习在职场中保持自身竞争力。

亚马逊针对员工的持续学习需求开发人工智能系统，使员工得以获取到最新的前沿学习资源，根据行业发展需要不断更新自己的技能库。在该系统的支持下，亚马逊员工实现了自身能力的持续提升，也使得公司能够一直处于行业领先地位，形成企业和个人双赢的局面。

19.4 绩效管理：AI 绩效评估管理系统

数字化转型将从多个方面为企业带来改变，包括绩效评估和工作协同。人工智能协助企业执行数据的采集、追踪、反馈、分析等一系列操作，以数据为驱动提升企业决策能力，保障员工绩效评估的客观公正，为协同工作提供重要支撑。

Adobe 公司在绩效管理方面首创“Check-in”机制，这是一种实时反馈型的绩效评估方式，相较于过去以年为周期的绩效评估有很大改变，标志着绩效评估模式的重要革新。此种全新的绩效评估机制效果显著，提高了 Adobe 的员工留存率和满意度，使公司整体的工作氛围得到了极大改善。

对于绩效评估而言，人工智能带来的积极影响体现为提高评估精准度以及保证评价公平。过去的绩效评估很大程度上取决于上级领导的意见，存在一定的主观性，而由人工智能驱动的绩效评估系统则能够有效避免这一问题。

Slack 公司推出的人工智能系统可收集员工在工作表现、行为举止、沟通交流等各个方面的数据，据此给出精确客观的绩效评估结果。此类绩效评估系统将绩效与员工的日常表现挂钩，因而能够充分调动员工参与工作及各项活动的积极性，营造更具活力的工作环境。

在人工智能技术的支持下，企业能够更有效地利用数据分析提升对绩效数据的认知，洞察绩效蕴含的深层次价值。

一家初创企业运用人工智能深入分析员工绩效数据，精准把握员工需求和情感状态，并基于数据深度分析结果采取有针对性的绩效管理方案，在大幅提升员工绩效的同时使员工对企业产生更加强烈的归属感，提升员工的整体满意度，打造健康积极的工作氛围，有助于工作效率的提高。

19.5 员工关系管理：完善沟通反馈机制

数字化和智能化技术的应用改变了企业的员工关系管理方式。在人工智能的驱动下，企业与员工建立起更为紧密的联系，员工关系管理沿着智能化的方向迈进，助力企业构建完善的激励机制，提升员工关系方面的管理和决策水平，为人才与岗位的精准匹配提供重要基础。

在沃森人工智能平台的协助下，IBM 将员工能力用标签的形式直观呈现出来，据此为员工分配与其适配度最高的业务，充分发挥每名员工的价值，通过合理的人力资源配置提高员工工作的积极性和投入度，进而实现工作效率的提升。阿里巴巴也将人工智能技术应用于岗位分配，通过深入分析员工数据实现员工与岗位的精确匹配，提高员工满意度和活力，使员工得以更加高效、高质量地完成所负责的工作。

反馈机制是影响员工关系管理成效的关键因素，企业需要重视与员工的实时沟通，从员工处获取有效的反馈信息。

客户关系管理软件服务提供商 Salesforce 开发出一款名为“爱因斯坦”

（Einstein）的人工智能平台，员工可针对与企业有关的各种问题（包括规章制度、薪资福利等）向平台发起提问，从平台处获取快速准确的回答。此平台有助于企业与员工形成有效互动，企业信息的公开透明将增进员工对企业的信任，在员工与企业间建立起良好的关系。

此外，人工智能可在维持企业正常秩序方面发挥重要作用。

主营人力资源管理软件的Ultimate Software开发出一款人工智能系统，该系统可用于监测员工在工作时的情感状态，如果发现员工中间有发生矛盾冲突的趋势，则相关的管理人员可以及时介入调解，防止问题爆发和扩大，确保工作的正常有序运转，维持员工间和谐良好的关系。

在员工关系管理方面，人工智能技术的积极意义更在于为员工反馈搭建完善的平台渠道。员工的反馈将为企业提供更为全面的数据资源，作为企业战略规划和运营管理的重要参考；同时，积极采纳反馈意见显示出的是企业对员工的充分重视，有助于企业在员工面前树立更好的形象，赢得员工的尊重和认可，从而提升员工满意度和工作热情。企业与员工间的相互信任将造就一支凝聚力极强的团队，支撑企业在未来实现宏伟目标。

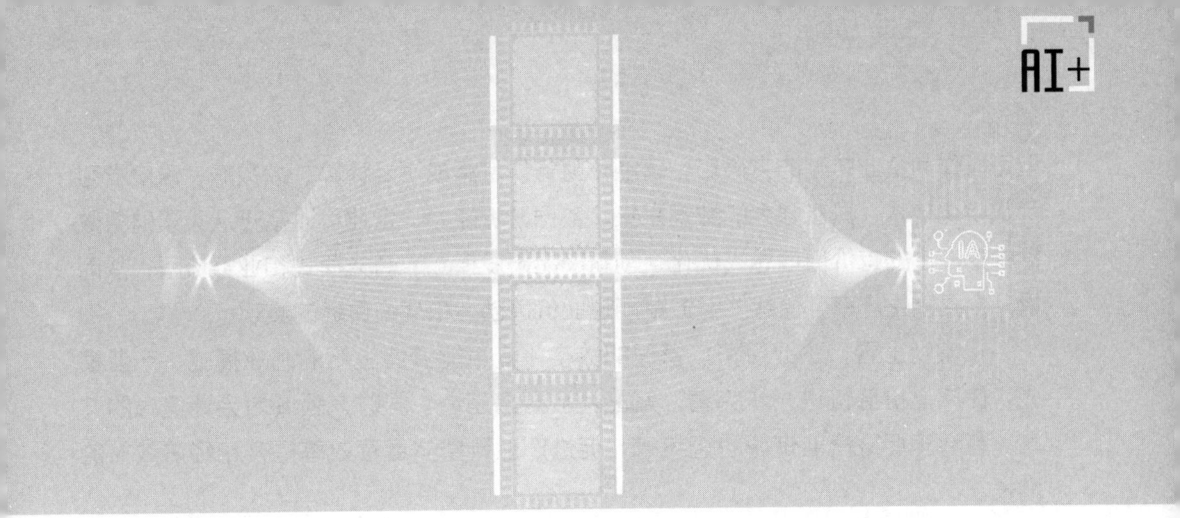

第 20 章 智能财务：赋能财务数字化转型

20.1 数字经济时代的财务变革

在经济快速发展转型新时期，智能财务管理在经济管理活动中发挥着核心作用，它是管控社会经济活动的“大脑”，同时也是企业进行数字化转型的“桥头堡”，在业务财务一体化融合的基础上，可以为企业的降本增效和创新发展起到引导作用。

以大数据、人工智能、移动互联网、云计算等技术为依托的智能财务体系，对会计和财务行业改革、企业价值链和企业价值创造方式产生了重要影响。智能财务体系赋能下的数字经济的发展，既为企业带来了机遇，也带来了挑战。为了进一步提升中国经济全要素生产率，并适应数字经济大趋势下的市场环境，企业需要转变管理思维，通过智能会计、智能财务转型带动决策、管理方式的转变，同时重视挖掘数据价值，以结构化的数据要素赋能企业数字化转型与发展。

（1）数字化发展对企业商业模式的创新

数字经济时代，企业的业务运营、管理模式面临着迫切的转型需求。财务转型可以作为企业转型的突破口，智能化财务体系集成了云计算、大数据、深度学习等数字化技术，具备强大的数据采集、数据分析能力，企业可以基于从大量财务数据中挖掘出的有价值信息，优化、创新产品研发模式、商务模式和业务流程，从而提升全要素生产率，使智能财务赋能企业价值创造和战略目标的实现。

从宏观上看，企业经营、管理的数字化变革能够催生新的商业模式、产业模式，使产品价值链进一步完善，赋能社会财富创造。同时，领域内会计信息的共享，有利于促进产业资源协调统筹，促进产业链整体运营效率提升和经济效益的增长。

数字化转型是企业实现加速发展的重要途径，它与智能财务转型紧密联系。企业应该以财务共享中心建设为切入点，构建涵盖财务层、业务层、管理层的智能财务系统框架，同时以会计数据信息化赋能会计业务模式优化，在财务管理系统中接入会计资源配置、信息管理、绩效管理等功能，推动业务财务一体化融合、财务会计共享、管理会计共享的智能财务体系建设。

具体来说，就是将这些数字化技术与企业实际业务需求、管理需求相结合，为企业提供可靠、智能的信息技术产品和系统，例如智能财务共享中心系统、智能财务会计系统、智能管理会计系统等。企业可以通过信息管理平台对业务运行、财务管理、判断决策等活动进行调整优化，将智能化、数字化技术融入企业的经营管理过程中，完善企业的价值链管理模式，促进企业转型，提高企业价值创造能力和核心竞争力。

（2）智能技术应用对财务价值的创造

数字化技术的发展不仅为企业数字化转型奠定了技术基础，同时也带来了企业发展的机遇与挑战。从企业角度看，数字化技术可以赋能财务模式、业务模式转变，为决策管理提供有力支持，例如：物联网技术可以用于企业资产管理、设备管理；大数据、云计算技术可以用于企业财务数据、业务数据的分析运算；知识图谱技术可以按照一定规则和逻辑输出数据处理结果，辅助企业判断决策；自然语言处理则运用于财务场景的智能交互。

数字技术能够辅助企业优化组织流程，提升财务价值创造能力，实现降本增效。从企业发展的外部环境看，数字化技术可以赋能生产方式转变，优化宏观资源配置，是产业转型升级的重要驱动力，赋能国民经济增长与发展创新。

中国的产业技术与智能应用生态的融合，能够有力推动数据产业链扩张，并促进智能技术、数据分析和数据应用等领域的快速发展。在企业进行价值创造的过程中，智能技术、现代产业技术的应用和发展可以延长价值链条，这些技术不仅在财务管理变革中发挥了基础性作用，还能够以智能化、数字化优势驱动企业转型，辅助企业降本增效，提升企业的价值创造能力。

智能价值链连接了企业内部经营活动和外部信息生态：内部经营活动包括生产运营、决策管理、财务会计等，外部信息生态则涵盖了工商监管、银行税务、制度规范等，有利于产业结构优化创新和智能化产业生态构建。企业应该明确自身的价值链定位，搭建服务于战略目标的智能财务管理平台，并以数字化技术为支撑，促进企业转型与发展。

20.2 智能财务管理的六大维度

智能财务可以有效提升财务工作质量，使财务工作更好地服务于企业管理与业务工作。因此，企业可以围绕这一特点，有针对性地制定财务工作任务和目标，并在实践中不断探索和完善财务目标的实现方式。

智能财务的基本框架涉及财务工作领域、财务工作任务、财务工作分工、智能财务工作目标、智能化场景设计、新技术匹配运用等六个方面内容，如图 20-1 所示，下面将分别对其进行简要阐述。

图 20-1 智能财务管理的六大维度

（1）财务工作领域

根据企业的运营需求，财务工作大致可分为财务会计和管理会计两个方面，二者的财务数据来源、统计方式、统计时间、财务目的等有所不同。

财务会计是对本会计期内所发生的经济业务的记录、分类和计量，这些会计数据的统计分析结果通常以报表形式呈现，例如现金流表、资产负债表和损益表等。报表能够反映企业的经营成果和财务状况，债权人、股东或相关政府机构等外部组织可以通过报表了解企业情况。

与财务会计不同的是，管理会计服务于企业内部管理，相关财务活动往往与业务活动融合，在企业进行决策、规划、评价等方面发挥着重要作用。

（2）财务工作任务

实务中的财务工作任务划分与财务工作领域相对应，可以分为财务会计工作任务和管理会计工作任务两种类型。

前者的工作任务主要包括会计核算和财务会计报告编制等；后者的工作任务则更为复杂，主要包括：资金管理、成本管理、预算管理、税务管理、资产管理、绩效管理、投融资管理和管理会计报告等。在某些特殊领域，将安排专人进行处理和执行。

（3）财务工作分工

在新型财务管理模式中，财务工作的专业分工主要可以分三个层面，由低到高分别为基础财务、业务财务和战略财务。

其中，基础财务定位为操作控制和交易执行，因此基础财务也可称为“操作财务”或“共享财务”；该工作分工通常由财务共享服务中心负责，也可以根据财务人员调动情况由属地财务部门负责。业务财务定位为过程控制和业务运行，一般由属地财务部门和总部财务部门协同合作完成。战略财务定位为领导层的决策支持和规划指导，通常由总部的财务部门负责。这三个层面几乎覆盖了所有的财务工作任务，各层面是紧密联系的。

（4）智能财务工作目标

提升财务工作效果并使其更好地服务于企业管理工作与业务工作，是智能财务的目标。提升财务工作效果主要表现在会计数据质量改善、整体效率的提升、基础工作成本的降低、财务合规能力提升等方面；在企业管理与业务方面，则是通过相关数学模型或算法挖掘、分析财务数据中的潜在信息，从而为管理部门和高层领导的决策提供参考依据，辅助业务部门优化流程和工作方式等。针对具体的财务工作任务，其目标包括质量、效率、成本、协同、全面、精细、合规、安全等方面。

（5）智能化场景设计

智能化场景设计主要是指在财务工作领域中引入“大智移云物区”（即大数据、

人工智能、移动互联网、云计算、物联网、区块链）等新技术，以智能化、数字化、自动化赋能传统财务工作场景，在此基础上进行模拟、延伸和拓展。新兴技术在财务领域的主要应用场景如表 20-1 所示。

表 20-1　新兴技术在财务领域的主要应用场景

技术	应用场景
大数据技术	主要应用在自动化的预算推导、风险评估与筛选，和优化派单路径、智能仓储排列优化、精准描绘客户画像等方面
人工智能技术	人工智能的感知智能、运算智能和认知智能三个层面在财务领域中对应不同的应用场景。感知智能有着广泛的应用场景，例如文字识别、图像识别、人脸识别等；运算智能则基于其计算方面的优势，可以完成财务的关联分析和多维分析等任务，同时可以促进各类财务 RPA（robotic process automation，机器人流程自动化）应用的拓展；目前，认知智能在财务领域中的应用场景相对有限，例如智能客服、虚拟个人助手、用于财务报告分析的专家系统等，相关技术还不够成熟
移动互联网技术	移动互联网作为数据交互的重要载体，其应用场景主要体现在财务系统跨地域使用方面，例如移动报账、移动身份认证、移动审批等
云计算技术	可以运用在财务共享服务场景中，例如大中型企业基于私有云或混合云的财务共享系统；此外，为小微企业提供的代理记账服务或 SaaS（software as a service，软件即服务）中也有所应用
物联网技术	物联网基于其较低的技术门槛和成本，在财务领域的运用迅速推广。具体应用场景包括对企业资产设备的识别、定位、监控和管理，同时也可以应用于纸质会计档案的管理
区块链技术	区块链在财务领域最典型的应用场景就是账本记录，涉及数字货币支付、供应链金融、存证和电子发票等

（6）新技术匹配运用

新技术匹配运用与智能化场景设计是紧密联系的，“大智移云物区”等新兴技术的运用是由某些智能化场景的需求决定的。例如，传统的资产盘点活动需要财务人员到现场对各种设备、设施进行清点，不仅效率低下，还容易出现失误；而引入物联网技术后，只需要扫描设备上的标签，就可以在系统中对相关资产进行管理。同理，在仓库中也可以通过物联网实现高效、实时的库存管理与分析。

综上所述，财务工作有不同领域、任务、分工的划分和不同的目标，要根据具体目标设计智能化场景，并匹配能够满足应用场景需求的智能化、数字化技术，这是智能财务基本框架的内在逻辑。其中，按照智能化场景设计来匹配运用新技术，是智能财务的显著特征，也是企业实现智能财务转型的根本方法。

20.3 AI 在智能财务领域的应用

AI 技术的快速发展正重塑着企业财务管理模式。作为现代企业运营的核心支撑环节，财务管理不仅维系着日常经营活动的开展，同时还支撑着企业的战略决策。随着企业数字化转型进程的推进，信息化、自动化、智能化也成为企业财务管理的未来发展方向。AI 技术以其强大的异构数据处理能力、模型自我迭代能力与预测推理能力，正深度为财务管理业务赋能，推动着企业财务治理体系在业务决策、合规性监管与成本优化方面不断进步。

（1）财务决策支持系统

基于 AI 技术的财务决策支持方案解决了传统财务决策依赖历史经验回溯与人工经验判断的弊端，通过构建智能化的分析框架实现智能化的动态决策支持，通过机器学习和大数据挖掘技术从海量数据中挖掘出多维数据的关联特征，归纳业务发展规律，辅助决策者实现深度的业务洞察。

除了借助数据分析和机器学习技术辅助决策，AI 还能利用大数据分析市场趋势、竞争者动态和消费者行为，形成能够实时响应市场需求的动态决策模型，通过模拟和预测辅助企业完成不同决策方案的评估验证；通过提供多样的虚拟业务场景可视化呈现不同方案下企业的财务表现，帮助企业筛选出最优业务方案。

AI 技术的应用能变革传统财务分析模式，解决传统财务分析中存在的滞后性问题，通过实时数据的处理分析捕捉业务执行过程中的关键价值信息，从而构建与企业财务业务实时映射的数字业务模型，及时向财务管理者汇报业务变化情况，帮助决策者更好地抓住机遇。

AI 的应用能进一步提升企业的运营效能，通过动态监测企业的销售数据、库存量和可用资金等多维运营指标，构建即时化的信息处理机制。这一方面提高了财务系统对企业业务的响应能力，另一方面也帮助企业在复杂的市场环境中提前预知业务风险与机会窗口，以抢占决策先机，从而更好地进行资源统筹和业务调整，实现利润最大化。

AI 还能提供商业智能决策，通过构建市场信息捕捉与分析模型，系统能够整合多维数据资源，通过数据价值挖掘实现市场供求关系预测，为企业争取更多的决策时间。此外，在实时数据分析的支撑下，能够构建动态定价优化模型，通过监测市场需求曲线变化和竞品价格走势帮助企业确定收益风险平衡点，最终为企业提供能够实现利润最大化的定价策略。

（2）财务报告与合规

在财务信息处理领域，基于 AI 技术的自动化财务管理系统实现了财务报告生成流程的范式变革。系统通过构建基于数据流的自动数据提取与整合模型，实现了财务数据的智能抓取，并构建标准化的数据池，为财务报告和分析的自动生成提供支撑，解决了传统依赖人工操作的跨系统数据抓取存在的程序烦琐、非结构化数据存储和运算困难的问题。

此外，在机器学习技术的支撑下，系统能够实现对所生成报告逻辑和合理性的自主验证，保证了所生成报告的准确性。财务报告自动化生成技术的应用极大提高了财务信息处理的效率，同时有利于进一步优化企业内部的人力资源配置；对于决策者而言，自动化工具所提供的多维可视化看板能够为企业经营提供持续性的决策支撑。

此外，AI 还能有效推动企业合规性监控与审计的智能化转型。随着政策环境不断收紧，企业运行的合规性决定着企业未来的发展空间。

通过构建多维监管体系，AI 技术能够自动完成全环节业务合规性评估，实现基于业务数据流分析的异常业务行为识别，提前进行业务风险规避，保证企业财务活动安全透明；通过构建智能审计模型，AI 技术能够突破传统抽样审计和人工审计存在的业务覆盖面不全、审计结果可靠性不足等问题；通过业务数据发掘实现财务舞弊行为的全链路追踪，提高审计人员对违规财务行为的洞察和识别能力。此外，AI 技术能够通过融合监管知识和实时更新政策库不断进行自我迭代，确保始终为企业提供最符合当下规则标准的财务管理指导。

（3）成本管理与优化

传统的成本管理由于依赖历史数据和经验判断，难以实现精准的市场供需与业务变化预测，在支撑企业决策时存在一定滞后性，AI 驱动的成本管理与优化技术基于实时数据分析，能够实现市场需求趋势和业务变化方向的预测，并通过数据的深度挖掘实现关联成本的合并，更好地进行资源统筹。

通过整合生产、供应和销售环节的信息，AI 驱动的企业成本智能优化系统能够为企业提供定制化的经营管理战略，帮助企业削减冗余成本，提高资源的利用率。通过对企业各业务环节的成本追踪、监控和分析，系统能够动态调整企业生产要素配置方案，及时发现异常成本消耗并提供优化指导，始终以利益最大化原则约束企业生产过程中的成本消耗；通过构建市场供需变化模型，系统能够实现业务发展的提前预测，结合大数据分析技术智能推荐原材料采购方案与产品销售策略，从而提高资金的使用效率。

另外，通过联动企业生产制造系统，系统能够从成本控制角度进行产线作业的效能评估，挖掘生产优化空间，并将智能生成的流程优化方案反馈至制造控制中心，通过推动生产过程升级提高企业的竞争力。

随着市场环境愈加复杂，企业生产需求呈现出更加碎片化、多样化的特点，这对企业的资源配置能力提出了挑战。通过构建跨部门数据共享平台，企业能够汇聚全域财务数据，为构建资源配置方案验证模型提供数据支撑；通过虚拟化财务资源配置模型，企业能够快速识别出具有业务增长潜力的优秀财务方案，优化方案中的成本异常波动项，确保资源分配策略与企业实际业务需求相契合，从而一方面节约企业运营成本，另一方面提高企业的运营效率。

此外，AI 资源配置模型还能联动企业的运营系统，从而实现实时交互的业务指标与财务指标分析，在此基础上完成动态的资源供给响应，以提高激烈的竞争环境中企业资源与业务交互的弹性化程度，提高企业的风险防范能力，推动企业向着精细化管理的方向不断转型。

20.4 AI 驱动下的业财融合应用

数据流驱动的 AI 业财融合体系能够打破业务和财务之间的信息壁垒，实现业务与财务之间的实时动态交互，从而提高企业的跨部门深度协作能力，进一步促进企业的管理效能提升。

（1）业财融合的概念与意义

业财融合即以资源的弹性配置为目标、以企业收益最大化为原则，实现业务运营流程与企业财务管理环节之间的交互融合，通过实时的业务与财务数据传输简化业财交互过程中的烦琐程序，提高企业整体运行效率，从而解决传统企业管理模式中存在的部门之间彼此隔阂、跨部门协作难度大等问题。

业财融合通过构建业务动态与财务指标的实时交互验证体系，构建了业务系统与财务系统之间的双向交互通道，提高了财务管理对业务需求的响应能力，使得资金规划与实际业务开展情况更加匹配。

业财融合能够进一步提高企业的业务洞察能力与成本管理能力，可视化呈现整合后的多维业务数据，提高决策效率和决策精准性；业财融合能够推动企业内部业务提质增效，促进优质资源向高势能环节汇聚，更好地释放资源价值；业财融合能够提高企业的风险管理能力，提前识别出异常交易、资金紧张、供应链中断等风险，提高企业生产经营的稳定性。

（2）AI 在业财融合中的作用

在业务与财务协同管理中，AI 正推动决策模式从经验驱动向数据驱动转型，从而实现科学、精准、高价值的业务决策。基于对多维数据流的综合分析与深度挖掘，AI 能够高效赋能企业业务决策，打破传统决策方式存在的局限。另外，在数据分析和机器学习技术的支撑下，智能分析系统可以整合历史运营数据与市场实时业务数据，深度挖掘海量业务数据之间的规律，辅助决策者全面评估不同战略方案的实施效果，综合考虑供应链、市场等因素，动态优化企业的业务决策，使整个决策过程既能够汲取历史业务中的有效经验，又具备一定的发展趋势研判能力。

通过整合与分析海量业务数据，AI 能够为企业构建多维度的商业洞察体系，形成数据流驱动的智能决策机制，自动解析市场动态、消费者行为和竞争对手策略，既保证了决策的及时性以及与实际业务情况的贴合性，同时赋予了企业更强的业务韧性，提高了企业对市场波动的适应能力。此外，借助先进的预测性分析模型，企业可对各类决策预案进行影响评估。通过建立动态化的决策模拟系统，AI 能够推演出不同市场环境下的经营指标变化趋势，优化了企业的战略制定流程，并提高了企业的抗风险能力。

AI 在业财融合中的应用，能够在企业内部构建起高效、便捷的协作与共享网络，具体表现在以下方面。

① 在自然语言处理和机器学习算法的支撑下，AI 能够实现企业内部跨部门数据的高效整合与深度挖掘，将海量多源异构的数据进行结构化处理，实现企业业务信息的可视化交互，打破了传统跨部门交流中存在的信息不对称问题。

② AI 驱动的智能搜索引擎和内容推送系统，能够提供定制化的推送服务，避免了过往人工检索方式存在的信息获取低效问题，能够进一步推动以信息为支撑的跨部门合作，通过业务知识的精准投放革除了传统部门协作培训成本高、效率低的弊端。

③ AI 智能业务助手能够通过数据分析实现业务监测，自动跟踪业务流程，结合人员档期、关键业务节点等因素智能分配任务，更好地统筹内部资源，保证任务分配的科学性，提高业务流程间的衔接度。

④ 基于历史数据分析和深度学习算法，AI 驱动的智能业务管理系统能够生成

业务发展模型，呈现未来业务的需求走势、繁忙程度，并提供智能化的决策建议，帮助企业提前进行资源部署，避免出现供应链中断、库存积压等风险。

⑤ AI 能够快速评估企业员工档案，综合员工工作能力、擅长领域和业务需要智能生成团队合作建议，提高团队合作效能。

总而言之，AI 在业财融合中展现出强大的应用潜力，能够为企业提供信息处理、决策支持、流程统筹等方面的支撑，从而变革企业内部的合作组织模式，推动企业转型为更具活力的现代化智能协作组织。

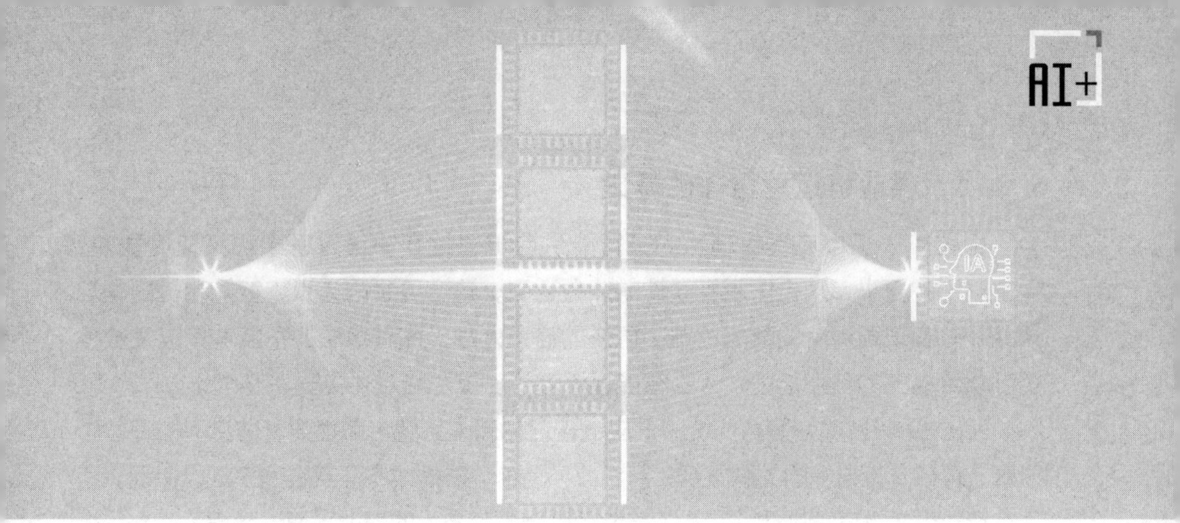

第 21 章 智能供应链：AI 赋能供应链决策

21.1 智能供应链的概念与内涵

近年来，随着政策环境、消费需求、竞争模式、主体价值诉求等多方面的变化，供应链系统进入关键的数字化转型期，这对企业的运营能力提出了更高的要求，需要企业具备更强的市场洞察力和市场波动响应能力。通过推动人工智能与供应链的深度融合，重塑供应链的运营逻辑、技术格局与价值创造模式，构建集成数据、网络和智能化技术的智能供应链体系，成为推动我国企业高端化升级、打造优质供应链的重要工作内容。

人工智能供应链具有自主管理、智能决策、支持网络互联与多主体协同、功能系统化集成等特点，其功能辐射供应链的决策、管理、执行等多个环节。人工智能和机器学习是人工智能供应链的底层技术支撑，在此基础上通过人机深度交互完成各类任务。随着技术的不断进步，人工智能供应链的思考能力、判断能力与自我迭代能力不断提高，正逐渐成长为抗风险能力强、可持续发展潜力大的自主供应链产业。

下面我们从供应链运营管理的基础、方式、手段和成效四个角度全面剖析该定义。

（1）供应链运营管理的基础

相较于人工供应链管理，人工智能供应链管理在决策过程中决策速度更快、受主观影响更小、整合要素关联性的能力更强，这主要是因为人工智能和机器学习技术能够实现更深度的数据挖掘和更快的信息处理。随着算法的不断迭代以及数据资源供给能力的日益增强，人工智能逐渐渗透到了供应链中的更多环节。

① 在决策速度方面，传统的供应链管理依赖人工整合各类要素信息，梳理各个要素、环节、步骤间的关联关系，判断业务情势，时间成本高且准确率难以保证。而人工智能供应链管理则能够在人工智能和机器学习技术的帮助下通过数据运算与分析高效地完成条件判断与分析，自动给出最佳决策方案。例如，借助机器学习算法挖掘历史销售数据规律，维持库存的动态平衡，在保证正常供给的同时减少库存成本。

② 在决策质量方面，人工智能和机器学习依赖客观、真实的数据在科学的算法模型约束下进行决策，此过程中不会有人为因素的介入，避免了主观因素导致的决策错误。例如，通过自然语言处理技术识别订单信息并完成订单的自动处理，能够避免订单信息录入错误、信息匹配错误等人为主观失误。

③ 在决策深度方面，人工智能和机器学习技术能够充分释放数据要素价值，挖掘海量数据中的要素、主体间的关联，实现深刻的市场洞察，预测市场需求趋势与客户需求变化。例如，使用大数据分析技术分析客户历史行为数据，能够更好地勾勒用户需求变化轨迹，从而为库存、营销等提供指导。

（2）供应链管理的方式

人工智能供应链本质上是一种集成了多种技术和功能的管理系统，是数字化时代下机器学习、物联网和智能化技术融合的产物，其最终的目标是赋能传统供应链，实现其高端化升级，以帮助企业提升管理效能，更好地适应新的市场环境。

机器学习和深度学习是人工智能供应链的技术支撑，数据是人工智能供应链的运行驱动，智能化决策是人工智能供应链的运行目标。通过读取海量数据资源中的市场信息，人工智能能够提高企业市场认知的深度和广度，从而更好地把控自身行为，应对市场波动，保证市场运营的平稳性。

物联网技术为人工智能供应链的运行提供了必要的数据源，并保证了管理指令能够被顺利执行。通过以最优路径串联起供应链的各个节点，物联网技术帮助供应链中的各要素实现了关联与互动，为信息的采集、传输、处理创造条件，同时使各个节点上的成员实现数据与资源共享，提高协作效率。

人工智能供应链还能对供应体系中的各项业务进行系统化整合，帮助企业实现日常的业务管理与监控，提前预判问题，及时规避风险。另外，人工智能供应链能够实现对订单、库存、物流等业务的自动化管理，在提高管理效率和管理精度的同时也将员工从流程化的任务中解放出来，使之更加专注于创新性的工作。

（3）供应链管理的手段

人工智能供应链的本质是实现人机协同，以取长补短，实现效能最大化。人工智能技术能够帮助人们进一步提高对数据等要素的利用水平，实现供应链全过程、全环节的监控与预测，为人们提供决策支持；而人类在与人工智能交互过程中所展现出来的经验、思考逻辑等则可以作为人工智能的学习对象，帮助其更好地迭代发展，提升其业务服务能力。

因此，人工智能供应链可以理解为具有自主思考能力、自主决策能力和自我发展能力的智能供应链。一方面，人工智能供应链可以与企业员工构成高效的合作单元，提高企业的供应链管理效能；另一方面，人工智能供应链可以不断推动企业内的经验沉淀为管理知识，通过对这些知识的学习完成自我迭代发展，从而进一步提升自身的服务水平。从企业角度来看，人工智能供应链的引入能够帮助企业打造更具韧性的供应链体系，帮助企业更好地在市场竞争中取得优势。

（4）供应链管理的成效

在人工智能和大数据等先进技术的支撑下，人工智能供应链不仅能够实现企业运营的提质增效，同时还能提升企业整体的抗风险能力：通过全天候地收集、分析供应链各个环节的数据，人工智能供应链能够提高企业的市场敏锐性，预判风险并为企业提供针对性的解决方案，这种风险预见能力能够在出现紧急市场波动时为企业争取更多的反应时间，提高企业的灵活性，降低企业损失。

人工智能供应链能够根据企业的历史业务行为数据提供最优的资源配置方案，提升企业的全要素生产率，对企业的绿色、高效、可持续发展意义重大。另外，人工智能还能帮助企业更好地洞悉用户需求并发掘潜在用户，提升企业的需求满足能力，让企业能够持续地进行价值创造。

21.2 AI 在供应链决策中的应用

（1）需求预测

需求预测是整个供应链决策过程的基础，决定着后续生产计划和库存管理计划的制定。在科学的需求预测支撑下，企业能提前制定出最优的库存方案，在降低额外库存的同时保障对生产的有效支撑。举例而言，大数据分析技术支持对项目工程、合同、预算等环节数据的导入，通过分析各项数据，厘清项目条件要求，可以实现需求预测，并自动生成与需求相匹配的最优采购计划；通过供应商资质与能力评估，可以帮助企业筛选出更可靠的生意伙伴，并提供精确的库存补足指导，避免出现库存管理问题，保证生产线与供应链的动态交互，提高资源利用深度，保障供应链的灵活性。

在人工智能供应链的支撑下，某行业领先供应商实现了高精确度的市场需求预测，并在人工智能提供的上新方案的指导下实现了贴合市场需求的科学选品，两年内共计上新子品类 27 个，占该企业总销量的 70%。这一经营成果的取得主要依赖人工智能的数据分析、深度学习和需求建模能力。

在人工智能的支撑下，该企业首先实现了行业知识和业务数据的封装与复用，为需求模型建立提供依据；成功建模后，借助时间序列、深度学习、树模型等技术将单一模型融合为复合模型，导入数据并完成训练后模型正式上线，能够基于各类需求信息实现精准的自动化需求预测。相较于人工预测，以大模型技术为支撑的智能化预测的数据处理速度更快，可达到人工数据处理和预测的 3 倍，且由于模型训练过程中吸收了大量的专家经验并融合了多个单一模型的功能优点，预测准确度相比于人工提升了 10% 以上，极大地提升了企业的经营能力。

（2）库存管理

人工智能供应链在库存管理方面的功能实现主要依赖时间序列、深度学习和机器学习等技术，通过总结业务规律、智能依据优先级进行业务排序，企业能够更好地掌握库存占有情况，根据实际需求情况合理介入，保证库存与生产的动态平衡。例如，依据历史库存消耗、设备存量、生产计划、单位时间消耗量等信息，可以构建与需求关联的库存模型，在原料达到最低库存线时智能补货；依据物资周转周期、现有库存总量、消耗速度等信息构建代储代销物资模型，结合实际的物资需求情况动态生成最优物资量建议，以保证库存管理的高效性与科学性。

借助人工智能供应链的技术集成功能，某通信企业实现了物料的一体化管理，成功打造了无人化仓库。在具体实施过程中，在电子标签拣选系统（pick to light，PTL）、货到人挑选（goods to person，GTP）等技术的支撑下，该仓储中心实现了物料的自动入库与储存、按需求筛选、智能组合、一键配送等。通过综合监控分析 ERP 系统、WMS 系统与智能仓库系统数据，企业极大地提升了库存备货的精细化程度；通过智能预测物料消耗，供应商能够提前安排物资调运与发货，减少多余库存对仓储的占用，提升订单成功交付率。

除了中心仓（central warehouse）外，额外设置线边仓（line-side warehouse）为整个物料供应过程提供缓冲，实现超期管理及潮湿敏感器件管理。通过货物自动分配到人，进一步提升货物入库的自动化程度，减少不必要的人力资源成本。这一仓储中心的建立，提升了企业的需求识别和自主供应能力，为企业打造弹性供应链、智慧供应链赋能，是供应链转型的标志性产物。在人工智能技术的支撑下，企业得以统筹全球业务，提高发展效能。

（3）运输优化

在物流管理优化方面，人工智能技术能够减少运输过程中不必要的时间消耗，规划出最优运输路径，提升运输效能并保证运输链的稳定性和准时性。例如，通过对运输总量、运输终点、途经点以及天气、路况等影响因子进行分析，智能规划出最优运输方案；通过需求分析配置最合适的运输资源，避免运输空载，减少成本。

某公司打造智能化物流调度平台，在提升配送效率和配送质量的同时也使得配送安排更具人性化。

在配送任务分配方面，该平台能够自主读取、分析配送员数据，对所有配送员进行能力评估，作为不同等级的运力资源录入平台系统，按照订单难度将任务派发给对应级别的派送员，确保配送任务的顺利完成。

在配送过程优化方面，该平台能够根据历史出仓表现进行供货方排名，指导配送员选择出货快的供货方；平台能够结合配送员定位、出货点和目标配送点规划出最优配送路线，提升配送时效；此外，平台还支持配送订单统筹，将同一区域的订单合并后派发给邻近的配送员，提高配送员单次配送的订单完成量。

在配送员工作体验优化方面，平台会结合天气状况设置配送员的配送时限，若天气恶劣则相应延长配送时间，保障配送员有充足时间完成配送，避免其为了防止超时而超速，造成事故；平台还打破了传统配送中的网格区隔造成的配送壁垒，支持配送员跨网格配送，减少了配送员的无效配送里程。

此外，该系统还具备自我优化能力，从每天的工作中积累、总结经验，不断提升路径规划的精准性和高效性。

（4）供应商选择

人工智能在供应商筛选中发挥着重要作用，能够帮助企业寻找最优合作伙伴并提升供应链安全性。传统的供应商选择往往依赖人员的认知和判断，存在一定的片面性，受主观影响较大，人工智能技术则可以通过学习供应商的历史合作数据，显化地呈现供应商在货物质量、订单履行能力等方面的表现，为供应商选择提供科学的参考依据。

某大型通信企业已经在进行供应商智能评价系统的研发工作，在Document AI的支撑下，该企业能够通过解析切分、两阶段向量排序等方式读取和分析供应商的业务表现数据，实现结构化与非结构化数据的融合分析，自动生成供应商资质评估报告。该系统上线后将进一步提高供应商筛选的可靠性，提升供应商管理效能。

21.3 基于大模型的供应链决策

新一代人工智能已发展为科技革命和产业变革的驱动性力量，而作为人工智能的重要技术方向，大语言模型技术赋能供应链决策的价值进一步凸显。

大语言模型在供应链中的应用发展大致经历了从文档辅助生成到深度数据分析，再到智能知识检索与决策推理的过程。最初通过流程收敛、向量知识库集成实现模型的训练，使之具备信息流的灵活处理能力，进而为定制业务中的文案写作提供支撑；随后，通过从文档数据中提取出关键业务知识形成知识图谱，结合企业要求实现采购数据的智能化处理；最终发展为具有自主知识串联能力、信息检索能力与逻辑推理能力的模型助手。

① 采购策略制定。大语言模型能够从历史采购策略中提取出关键业务信息，实现知识沉淀，通过深度学习历史采购的方案、协议和文件数据，构建能够自主实现采购策略匹配的关联模型，能够综合采购预算、采购需求、采购周期等自动规划出成本最低、效益最优的采购方案，并不断总结经验以进行自我优化，不断提升整个采购机制的科学化水平。

② 智能辅助评审。通过该功能与专家评审团的配合，能够进一步提高供应链决策中条件评估的客观性和科学性。大模型能够学习评分规则、评审要求等先验知识，并在此指导下分别建立资质、业绩、技术、价格等多维度的评审模型，严格分析与计算待评对象的各项客观指标数据，以弥补专家评审中存在的主观性问题。

③ 物料主数据智能管理。该功能能够极大提高物料管理的灵活性，提高物料管理效能。通过分析物料数据实现经验提取，分别建立用于预测物料类别、智能分类和对新物料赋码管理的功能性模型，从而实现物料的智能分类和“一码一物”，自主管理新增物料。

④ 检测计划策略智能编排。该功能能够实现物料检测过程的全流程统筹，实

现检测效率的最大化。在提取物料类别、数量、规格等基本信息后，参考历史检测计划形成策略库，响应前端需求，匹配最适检测计划编制策略，并完成计划的生成、下发与实时优化，提升检测全周期的柔性化程度。

⑤ AI 助手。具有知识提供、业务分析、场景模拟等多种功能，在业务培训、客服咨询中应用较多。背靠企业知识库，能够通过对话式人机交互识别知识需求，提供采购细分领域的法律、流程、操作等专业知识，同时通过模拟不同的场景，帮助企业员工实现知识输入、业务认知。

⑥ 智能搜索。该功能为用户提供全面、精准、直观的数据检索与读取服务。支持精确搜索、混合搜索、会话提问等多种检索模式，可满足多元化的用户需求，同时可根据用户需求对数据进行制图、对比等统计处理，提高用户满意度。

21.4 构建 AI 数智化供应链平台

当前，人工智能和数字化技术对社会各个领域的渗透程度不断加深，产业发展机遇与挑战并存，我国聚焦于高质量发展目标，进一步提出应实现产业链与供应链的“双链并行”与“双链互动”，通过人工智能，能够进一步保证信息的灵敏传递与数据的价值释放，促进供应链内部的产业交互，而数智化平台的建设则为供应链内部的协作与资源共享创造了条件，可以说，人工智能与数智化技术承载着供应链转型的未来。

在供应链上下游的交互中，需求对接、要素配置和企业协同是保证业务顺畅的关键。通过人工智能，可以有效提升需求对接的精确性、要素配置的合理性和协同的高效性。通过需求识别算法，能够提升企业的市场洞察能力，为其匹配到最合适的合作伙伴，实现双赢。在供应链决策中，以互联网思维聚焦各主体的价值诉求，重新审视产业生态；以利益需求为引领，串联行业内外各主体，构建全新资源流动与要素分配模式。在促进企业间、企业与外部合作伙伴的协同中，人工智能技术进一步扩大了供应链业务的触达范围，实现了链上企业与链外各主体的交流，借助供应商关系管理（supplier relationship management，SRM）系统，能够提升各环节业务的响应速度，加强协作紧密性，支撑产业集群发展。

人工智能 + 供应链管理的产业模式对提升产业链服务能力、促进行业整体进步意义重大，但同时各主体也应重点关注以下问题。

① 人工智能供应链的运行涉及海量数据资源的获取、处理与应用，这不可避免

地会面临数据安全、知识产权保护、数据隐私等问题，政府应做好顶层设计，通过法律出台、政策颁布、标准制定等行动提供制度支撑，平衡好经济效益与主体权益。

② 供应链发展过程中会呈现出一定的集群化趋势，这就涉及资源的有效整合和主体间的有序合作，因此需要探索标准化的合作模式，提高资源整合的系统性，将新兴技术嵌入供应链跨企业合作的各个环节，提升供应链的需求响应能力和过程可见性。

③ 人工智能供应链重视人和机器的协同关系，随着未来供应链业务开放性的进一步提升，产业对于人才的需求也呈现出专业交叉、持续学习的倾向，应着重对员工进行上述两方面能力的培养，提升企业员工对供应链新模式的适应性，促进产业的跨界融合与创新。

在各类新兴技术的推动下，企业业务的复杂度进一步提升，其业务结构呈现出由链状走向网状、由扁平走向立体的特点，受此影响，供应链数智化平台也开始走向云端，发展为具有海量数据处理能力、实现资源泛在连接能力、赋能企业数字化转型能力的新型云平台。在其支撑下，将实现供应链数据全生命周期的价值释放，实现资源的即时调用、高效流动与科学配置，并通过数据建模实现问题追溯与需求预测，打破物理世界的要素流通和业务交互壁垒，以数字化技术为支撑实现供应链的高端化升级。

提质增效是供应链平台智能化升级的核心目标，其本质是通过打造能够支持多元异构数据利用、支撑多场景应用需求、整合多主体 / 多区域业务资源的一体化服务平台，实现资源的整体性供给、业务的同系统内对接，从而实现资源利用率的最大化。借助人工智能技术，企业能够进一步拓展供应链边界，建立新的业务联系。下一步，各主体或可聚焦于电商平台升级，以电商平台为新的业务载体实现数字化经营，提高企业市场竞争力。

供应链的平台化升级需要以稳定的供应链网络为基础，提升供应链韧性以应对外部挑战的冲击；需要以供应链多元合作体系为牵引，通过各方生产和流通效率的提升需求拉动供应链平台化服务的升级；需要以开放性创新空间为发展目标，不断以新技术催生新需求，新需求联动新主体，为整个供应链体系注入新活力。

构建智慧供应链平台对实现企业的高端化转型意义重大，意味着企业将拥有更强的资源整合能力、主体协作能力和业务管理能力，因此各方主体应积极布局，推动数字化、物联网、人工智能技术与供应链管理的深度融合。

参考文献

[1] 陈家乐，董雪莲，林良红，等．探索智能纪元：大模型的起源、现状与未来［J］. 科学，2024，76（05）：15-21.

[2] 靳冬，刘佳颖．人工智能优化供应链决策［J］. 企业管理，2024（07）：13-16.

[3] 孙頔，杨锦洲，夏璠．AI+ 工业互联网模式的应用探析［J］. 信息通信技术与政策，2023，49（11）：2-7.

[4] 路江涌，张月强．人工智能时代的人力资源精准管理［J］. 清华管理评论，2023（11）：74-84.

[5] 黄再胜．AI 大模型赋能新质生产力加快发展：内在机理、现实障碍与实践进路［J］. 改革与战略，2024，40（02）：1-12.

[6] 张鹏飞，田雯，武振宇，等．AI 大模型场景下智能计算技术选型分析［J］. 电信工程技术与标准化，2024，37（01）：3-7.

[7] 彭先涛，王鹏．人工智能大模型在工业机器人领域的规划及探索［J］. 智能制造，2023（06）：38-41.

[8] 赵浜，曹树金．国内外生成式 AI 大模型执行情报领域典型任务的测试分析［J］. 情报资料工作，2023，44（05）：6-17.

[9] 张乾君．AI 大模型发展综述［J］. 通信技术，2023，56（03）：255-262.

[10] 周鸿祎．AI 大模型：新工业革命的驱动力和中国发展的新机遇［J］. 新经济导刊，2023（03）：41-46.

[11] 洪银兴，任保平．数字经济与实体经济深度融合的内涵和途径［J］. 中国工业经济，2023（02）：5-16.

[12] 朱光辉，王喜文．ChatGPT 的运行模式、关键技术及未来图景［J］. 新疆师范大学学报（哲学社会科学版），2023，44（04）：113-122.

[13] 罗东亮，蔡雨萱，杨子豪，等．工业缺陷检测深度学习方法综述［J］. 中国科学：信息科学，2022，52（06）：1002-1039.

[14] 曹家乐，李亚利，孙汉卿，等．基于深度学习的视觉目标检测技术综述［J］. 中国图象图形学报，2022，27（06）：1697-1722.

[15] 王萌，王昊奋，李博涵，等．新一代知识图谱关键技术综述［J］. 计算机研究与发展，2022，59（09）：1947-1965.

[16] 赵朗月，吴一全．基于机器视觉的表面缺陷检测方法研究进展［J］. 仪器仪表学报，2022，43（01）：198-219.

[17] 张吉祥，张祥森，武长旭，等．知识图谱构建技术综述［J］. 计算机工程，2022，48（03）：23-37.

[18] 邱锡鹏 . 神经网络与深度学习 [M]. 北京：机械工业出版社，2021.

[19] 付雷杰，曹岩，白瑀，等 . 国内垂直领域知识图谱发展现状与展望 [J]. 计算机应用研究，2021，38（11）：3201-3214.

[20] 王晋东，陈益强 . 迁移学习导论 [M]. 北京：电子工业出版社：2021.

[21] 童光毅 . 基于双碳目标的智慧能源体系构建 [J]. 智慧电力，2021，49（05）：1-6.

[22] 陈德光，马金林，马自萍，等 . 自然语言处理预训练技术综述 [J]. 计算机科学与探索，2021，15（08）：1359-1389.

[23] 杭婷婷，冯钧，陆佳民 . 知识图谱构建技术：分类、调查和未来方向 [J]. 计算机科学，2021，48（02）：175-189.

[24] 廖华，向福洲 . 中国“十四五”能源需求预测与展望 [J]. 北京理工大学学报（社会科学版），2021，23（02）：1-8.

[25] 王成山，董博，于浩，等 . 智慧城市综合能源系统数字孪生技术及应用 [J]. 中国电机工程学报，2021，41（05）：1597-1608.

[26] 张涛，刘玉婷，杨亚宁，等 . 基于机器视觉的表面缺陷检测研究综述 [J]. 科学技术与工程，2020，20（35）：14366-14376.

[27] 中国汽车工程学会 . 节能与新能源汽车技术路线图 2.0 [M]. 北京：机械工业出版社，2020.

[28] 朱云，凌志刚，张雨强 . 机器视觉技术研究进展及展望 [J]. 图学学报，2020，41（06）：871-890.

[29] 李雪晴，王石，王朱君，等 . 自然语言生成综述 [J]. 计算机应用，2021，41（05）：1227-1235.

[30] 施俊，汪琳琳，王珊珊，等 . 深度学习在医学影像中的应用综述 [J]. 中国图象图形学报，2020，25（10）：1953-1981.

[31] 秦川，祝恒书，庄福振，等 . 基于知识图谱的推荐系统研究综述 [J]. 中国科学：信息科学，2020，50（07）：937-956.

[32] 蹇诗婕，卢志刚，杜丹，等 . 网络入侵检测技术综述 [J]. 信息安全学报，2020，5（04）：96-122.

[33] 李晓理，张博，王康，等 . 人工智能的发展及应用 [J]. 北京工业大学学报，2020，46（06）：583-590.

[34] 李舟军，范宇，吴贤杰 . 面向自然语言处理的预训练技术研究综述 [J]. 计算机科学，2020，47（03）：162-173.

[35] 何俊，张彩庆，李小珍，等 . 面向深度学习的多模态融合技术研究综述 [J]. 计算机工程，2020，46（05）：1-11.

[36] 蒲天骄，乔骥，韩笑，等 . 人工智能技术在电力设备运维检修中的研究及应用 [J]. 高电压技术，

2020，46（02）：369-383.

[37] 李春发，李冬冬，周驰．数字经济驱动制造业转型升级的作用机理——基于产业链视角的分析[J]. 商业研究，2020（02）：73-82.

[38] 罗元，王薄宇，陈旭．基于深度学习的目标检测技术的研究综述[J]. 半导体光电，2020，41（01）：1-10.

[39] 文成林，吕菲亚．基于深度学习的故障诊断方法综述[J]. 电子与信息学报，2020，42（01）：234-248.

[40] 李玺，查宇飞，张天柱，等．深度学习的目标跟踪算法综述[J]. 中国图象图形学报，2019，24（12）：2057-2080.

[41] 袁满，褚冰，陈萍．知识图谱构建中的语义标准问题研究[J]. 情报理论与实践，2020，43（03）：131-137.

[42] 王昊奋，漆桂林，陈华钧．知识图谱[M]. 北京：电子工业出版社，2019.

[43] 李振，周东岱，王勇．"人工智能+"视域下的教育知识图谱：内涵、技术框架与应用研究[J]. 远程教育杂志，2019，37（04）：42-53.

[44] 黄恒琪，于娟，廖晓，等．知识图谱研究综述[J]. 计算机系统应用，2019，28（06）：1-12.

[45] 鲍跃全，李惠．人工智能时代的土木工程[J]. 土木工程学报，2019，52（05）：1-11.

[46] 李少波，杨静，王铮，等．缺陷检测技术的发展与应用研究综述[J]. 自动化学报，2020，46（11）：2319-2336.

[47] 廖夏，石贵成，徐光磊．智慧零售视域下实体零售业的转型演进与阶段性路径[J]. 商业经济研究，2019（05）：28-30.

[48] 周念成，廖建权，王强钢，等．深度学习在智能电网中的应用现状分析与展望[J]. 电力系统自动化，2019，43（04）：180-191.

[49] 王文冠，沈建冰，贾云得．视觉注意力检测综述[J]. 软件学报，2019，30（02）：416-439.

[50] 张辉，宋雅男，王耀南，等．钢轨缺陷无损检测与评估技术综述[J]. 仪器仪表学报，2019，40（02）：11-25.

[51] 闪鑫，陆晓，翟明玉，等．人工智能应用于电网调控的关键技术分析[J]. 电力系统自动化，2019，43（01）：49-57.

[52] 侯梦薇，卫荣，陆亮，等．知识图谱研究综述及其在医疗领域的应用[J]. 计算机研究与发展，2018，55（12）：2587-2599.

[53] 龚健雅．人工智能时代测绘遥感技术的发展机遇与挑战[J]. 武汉大学学报（信息科学版），2018，43（12）：1788-1796.

[54] 王飞，陈立，易绵竹，等．新技术驱动的自然语言处理进展[J]. 武汉大学学报（工学版），2018，51（08）：669-678.

[55] 常亮，张伟涛，古天龙，等 . 知识图谱的推荐系统综述 [J]. 智能系统学报，2019，14（02）：207-216.

[56] 尹仕斌，任永杰，刘涛，等 . 机器视觉技术在现代汽车制造中的应用综述 [J]. 光学学报，2018，38（08）：11-22.

[57] 刘梓权，王慧芳 . 基于知识图谱技术的电力设备缺陷记录检索方法 [J]. 电力系统自动化，2018，42（14）：158-164.

[58] 李彩宁，毕新华 . 智慧养老服务体系及平台构建研究 [J]. 电子政务，2018，（06）：105-113.

[59] 孙秋野，杨凌霄，张化光 . 智慧能源——人工智能技术在电力系统中的应用与展望 [J]. 控制与决策，2018，33（05）：938-949.

[60] 张新钰，高洪波，赵建辉，等 . 基于深度学习的自动驾驶技术综述 [J]. 清华大学学报（自然科学版），2018，58（04）：438-444.

[61] 梁迎丽，刘陈 . 人工智能教育应用的现状分析、典型特征与发展趋势 [J]. 中国电化教育，2018（03）：24-30.

[62] 官赛萍，靳小龙，贾岩涛，等 . 面向知识图谱的知识推理研究进展 [J]. 软件学报，2018，29（10）：2966-2994.

[63] 汤勃，孔建益，伍世虔 . 机器视觉表面缺陷检测综述 [J]. 中国图象图形学报，2017，22（12）：1640-1663.

[64] 胡伟，郑乐，闵勇，等 . 基于深度学习的电力系统故障后暂态稳定评估研究 [J]. 电网技术，2017，41（10）：3140-3146.

[65] 袁凯琦，邓扬，陈道源，等 . 医学知识图谱构建技术与研究进展 [J]. 计算机应用研究，2018，35（07）：1929-1936.

[66] 李涓子，侯磊 . 知识图谱研究综述 [J]. 山西大学学报（自然科学版），2017，40（03）：454-459.

[67] 伊恩 · 古德费洛，约书亚 · 本吉奥，亚伦 · 库维尔，等 . 深度学习 [M]. 北京：人民邮电出版社，2017.

[68] 任浩，屈剑锋，柴毅，等 . 深度学习在故障诊断领域中的研究现状与挑战 [J]. 控制与决策，2017，32（08）：1345-1358.

[69] 王科俊，赵彦东，邢向磊 . 深度学习在无人驾驶汽车领域应用的研究进展 [J]. 智能系统学报，2018，13（01）：55-69.

[70] 何黎明 . 中国智慧物流发展趋势 [J]. 中国流通经济，2017，31（06）：3-7.

[71] 王志宏，杨震 . 人工智能技术研究及未来智能化信息服务体系的思考 [J]. 电信科学，2017，33（05）：1-11.

[72] 戴礼荣，张仕良，黄智颖 . 基于深度学习的语音识别技术现状与展望 [J]. 数据采集与处理，

2017，32（02）：221-231.

[73] 李涛，王次臣，李华康. 知识图谱的发展与构建 [J]. 南京理工大学学报，2017，41（01）：22-34.

[74] 漆桂林，高桓，吴天星. 知识图谱研究进展 [J]. 情报工程，2017，3（01）：4-25.

[75] 徐增林，盛泳潘，贺丽荣，等. 知识图谱技术综述 [J]. 电子科技大学学报，2016，45（04）：589-606.

[76] 刘文举，聂帅，梁山，等. 基于深度学习语音分离技术的研究现状与进展 [J]. 自动化学报，2016，42（06）：819-833.

[77] 刘峤，李杨，段宏，等. 知识图谱构建技术综述 [J]. 计算机研究与发展，2016，53（03）：582-600.

[78] 张小娟. 智慧城市系统的要素、结构及模型研究 [D]. 广州：华南理工大学，2015.

[79] 程学旗，靳小龙，王元卓，等. 大数据系统和分析技术综述 [J]. 软件学报，2014，25（09）：1889-1908.

[80] 张曙. 工业 4.0 和智能制造 [J]. 机械设计与制造工程，2014，43（08）：1-5.

[81] 郭静，罗华，张涛. 机器视觉与应用 [J]. 电子科技，2014，27（07）：185-188.

[82] 罗菁，董婷婷，宋丹，等. 表面缺陷检测综述 [J]. 计算机科学与探索，2014，8（09）：1041-1048.

[83] 李生. 自然语言处理的研究与发展 [J]. 燕山大学学报，2013，37（05）：377-384.

[84] 宫芳芳，孙喜琢，林君，等. 我国智慧医疗建设初探 [J]. 现代医院管理，2013，11（02）：28-29.

[85] 龚爱平. 基于嵌入式机器视觉的信息采集与处理技术研究 [D]. 杭州：浙江大学，2013.

[86] 胡泽文，孙建军，武夷山. 国内知识图谱应用研究综述 [J]. 图书情报工作，2013，57（03）：131-137+84.

[87] 赵玎，陈贵梧. 从电子政务到智慧政务：范式转变、关键问题及政府应对策略 [J]. 情报杂志，2013，32（01）：204-207+197.

[88] 罗桂娥. 双目立体视觉深度感知与三维重建若干问题研究 [D]. 长沙：中南大学，2012.

[89] 张陶新，杨英，喻理. 智慧城市的理论与实践研究 [J]. 湖南工业大学学报（社会科学版），2012，17（01）：1-7.

[90] 饶秀勤. 基于机器视觉的水果品质实时检测与分级生产线的关键技术研究 [D]. 杭州：浙江大学，2007.

[91] 侯志强，韩崇昭. 视觉跟踪技术综述 [J]. 自动化学报，2006（04）：603-617.

[92] 章炜. 机器视觉技术发展及其工业应用 [J]. 红外，2006（02）：11-17.

[93] 朱铮涛. 基于计算机视觉图像精密测量的关键技术研究 [D]. 广州：华南理工大学，2004.

[94] 马玉真，胡亮，方志强，等. 计算机视觉检测技术的发展及应用研究 [J]. 济南大学学报（自然科学版），2004，(03)：222-227.

[95] 凌云. 基于机器视觉的谷物外观品质检测技术研究 [D]. 北京：中国农业大学，2004.

[96] 唐向阳，张勇，李江有，等. 机器视觉关键技术的现状及应用展望 [J]. 昆明理工大学学报（理工版），2004（02）：36-39.

[97] 蔡睿，葛军，孙哲，等.AI 预训练大模型发展综述 [J]. 小型微型计算机系统，2024，45（10）：2327-2337.

[98] 张新长，华淑贞，齐霁，等. 新型智慧城市建设与展望：基于 AI 的大数据、大模型与大算力 [J]. 地球信息科学学报，2024，26（04）：779-789.

[99] 褚乐阳，潘香霖，陈向东.AI 大模型在教育应用中的伦理风险与应对 [J]. 苏州大学学报（教育科学版），2024，12（01）：87-96.

[100] 物流信息国家工程实验室. 人工智能在物流行业中的应用前瞻报告（2020）[R]. 上海：物流信息国家工程实验室，2020：24-37.